世界が認めた
日本のウイスキー

[*Whisky japan*]

著 ドミニク・ロスクロウ

訳 清水玲奈

X-Knowledge

世界が認めた
日本のウイスキー

[*Whisky japan*]

著 ドミニク・ロスクロウ

訳 清水玲奈

X-Knowledge

Whisky Japan : the essential guide to the world's most exotic whisky
by Dominic Roskrow.

Copyright © 2016 Fine Wine Editions Ltd.

All rights reserved. No part of this publication may be reproduced, stored in a retrieval system or transmitted in any form or by any means, electronic, mechanical, photocopying, recording or otherwise, without the permission of the copyright holder.
Library of Congress Cataloging-in-Publication Data

Japanese translation rights arranged with Fine Wine Editions Ltd. through Japan UNI Agency, Inc., Tokyo

Printed in China

装丁・本文デザイン：米倉英弘 + 山本夏美（細山田デザイン事務所）
編集協力：小林智之
本文組版：竹下隆雄

CONTENTS / コンテンツ

㊞ 宮本博義 ……………………………………………………………… 8

前書き ……………………………………………………………… 12

第 ① 章　日本のウイスキーの歴史 ……………………………… 22

第 ② 章　日本のウイスキー造り ………………………………… 34

第 ③ 章　日本のウイスキー蒸溜所 ……………………………… 60

第 ④ 章　テイスティングノート ………………………………… 112

第 ⑤ 章　日本のウイスキーの興隆 ……………………………… 138

第 ⑥ 章　日本のウイスキーバー ………………………………… 156

第 ⑦ 章　世界のウイスキーバー ………………………………… 182

第 ⑧ 章　ウイスキーカクテルと料理とのペアリング …………… 234

第 ⑨ 章　日本のウイスキーの未来 ……………………………… 246

日本の観光案内 …………………………………………………… 262

日本のウイスキーリスト ………………………………………… 276

用語集 ……………………………………………………………… 280

索引 ………………………………………………………………… 282

謝辞・参考文献・ウェブサイト ………………………………… 286

宮本博義

Mike Miyamoto

サントリーウイスキー グローバル・ブランド・アンバサダー

も しも、現在の世界の市場における日本のウイスキーの状況に関する感想を誰かにたずねることが許されるとしたら、私なら鳥井信治郎にたずねたい。日本のウイスキーの礎を築いた開拓者のひとりです。より繊細な味覚を持つ人たちに愛され、誰にでも楽しめるウイスキーの創造を彼は目指しました。

今では世界的に注目されていますが、10年前には、極東のウイスキーは模造品でしかないとみられていました。私が山崎蒸溜所の工場長を務めた頃（2004〜10年）、ウイスキーの国内消費量は25年間に及ぶスランプのどん底にありました。生産量は減らされ、私は、日本のウイスキーの存在自体が危ぶまれているという不安でいっぱいでした。

それでも私たちはあきらめませんでした。はかり知れない努力と実験を重ね、熟練したブレンダー（調合師）たちがさまざまなモルトウイスキーを造り、これが山崎シングルモルトとなり、ブレンデッドウイスキーの響となったのです。これらを手に、私たちは2006年、鳥井信治郎の夢をかなえるべくアメリカに乗り出しました。2003年にインターナショナル・スピリッツ・チャレンジ（ISC）で「山崎12年」が金賞を受賞していたことから、私にはかなりの自信がありました。

「日本のウイスキー？　原料は米ですか？」などという当初の反応を克服し、懐疑的な人たちをなんとかその気にさせて、ようやく最初の一口を飲んでもらった

ものです。そんな人たちの驚いた顔が忘れられません。「百聞は一テイスティングにしかず」ともいうべき瞬間でした。

それ以来、世界中から驚くほどの支持を集めるようになりました。ヨーロッパでも、アメリカでも、アジアでも、どこに行っても男性も女性もウイスキーを楽しんでいます。私たちの信念はこうして実ったのです。この場をお借りして、サントリーを、そして日本のウイスキーを支えてくださった一人ひとりの方に感謝申し上げたいと思います。

なめらかでバランスが取れていて、それでいて複雑な日本のウイスキーの味わいが、世界中の消費者の心をつかんでいます。ウイスキーの良さを初めて発見する方にとっては、とりわけそうです。

しかし、これまで日本のウイスキーの職人技、産業、現象について探究する本格的な文献は存在しませんでした。ですから、その特徴、風味、製造技術についての知識を深めたい方にも、ウイスキー全般についての初心者にも、この新しい本は大変参考になるでしょう。ドミニク・ロスクロウはこの本を完璧なタイミングで書きました。一流のウイスキーライターとしての長いキャリアとすばらしい眼識と理解に基づき、日本のウイスキーに興味がある人には貴重なガイドブックとなり、まだ懐疑的な人にとっては考えを変えるきっかけになるでしょう。この本を手に、私たちのウイスキーを楽しんでいただけることを心より願っています。

上 サントリーウイスキーの「白州12年」「山崎12年」「響17年」は、いずれも国際ウイスキーコンクールで受賞している
次ページ 大阪の山崎蒸溜所で熟成中のウイスキーの樽

前書き

Introduction

「日本のウイスキー」と耳にすると、たとえ酒の業界を熟知している人であっても、さまざまな反応を見せる。日本でウイスキーが造られていることはほとんどの人が知っている。日本のウイスキーの評価が高いことを知っている人も、かなりいる。しかし、実際に飲んだことのある人や、日本のウイスキーの銘柄を言える人、注目を集める理由について語れる人はほとんどいない。日本という国と同じで、日本のウイスキーはエキゾチックで神秘に包まれた好奇心の対象といえるかもしれない。

日本のウイスキー産業は、驚きに満ちた美しい国、日本と同様、複雑で、エキサイティングで、ダイナミック。そして、変化のただなかにある。日本のウイスキーは長い歴史があるが、今も新しいものというイメージが持たれていて、批評家の中にはあまりに単純な解説しかしない人もいる。

日本の複雑で繊細な文化に直面したアウトサイダーにとっては、全く違う文字を使い、直訳できない言葉(「ロスト・イン・トランスレーション」どころか、正確な翻訳が不可能なこともある)を含む言語の壁もあって、単純な一般化で片づけておく方が楽なのだ。その結果、西洋はほとんど意味のない、怠惰なステレオタイプに満ちた薄っぺらな文化的理解で済ませていることに、自責の念を覚えるようになっている。同時に、日本で起こった奇跡的な経済成長により、田園地帯の伝統的な様式や習慣は破滅的な影響を受けた。

この本を書いている間に見たテレビのドキュメンタリー番組「日本全国寄り道の旅(Off the Rails：A Journey Through Japan)」では、特派員で作家のラムジー・ザリフェが日本の地方での鉄道網の衰退と、進化し続ける高速鉄道を対比させていた。彼は古めかしい鉄道で旅をしながら、列車にまつわるエキセントリックな登場人物を視聴者に紹介する。たとえば「列車のアイドル」は、運転手の服装をして、鉄道の記念物に囲まれて暮らす女性。それに、観光の目玉となって、閉鎖から駅を救った猫の駅長。ザリフェはまた、空気のクッションの上を進み、最高時速600キロに達する最先端のリニアモーターカーも紹介した。

新旧の列車が比べられ、地域社会を結び付けてきたローカル列車がなくなり、巨大都市を記録的なスピードで結ぶ高速列車が登場することで、日本は先細りになるのではないかとザリフェは問いかける。

そこでウイスキーに戻ろう。新旧のせめぎあいによる鉄道網の変化は、日本のウイスキー産業にも反映される。日本最大の生産量を誇るサントリーは、かつてスコットランドにインスピレーションを求めていた時代やそのルーツを遠く離れている。かつては日本国内の市場向けに製品を作っていたサントリーは成長し、海外の企業を買収し、世界有数の飲料メーカーになった。

サントリーは日本国内に2工場があるほか、傘下にアメ

ウイスキーのラベルの読み方に正解はない。スコットランド以外は、ウイスキーの製造者は用語や記載の仕方に厳密な規定を持たず、日本も例外ではない。たとえば、ピュアという表現はスコットランドでは禁止されているが、日本では頻繁に使われる。こうした理由から、ウイスキーのラベルは混乱を招きかねず、事実に反してそのメーカーが造るウイスキーが特別なものであることを示唆しかねない。この本では読者のために、ウイスキーの名称ができる限り一貫するよう努力し、主なウイスキーについては276～279ページのウイスキーのリストに掲載した。

1984年発売、ジャパニーズウイスキーの定番「山崎12年」。今日も根強い人気を誇る

リカのジムビームの巨大な2工場とメーカーズマーク、スコットランドのラフロイグ、アードモア、グレンギリー、ボウモア、オーヘントッシャン、それにブレンデッドウイスキーのティーチャーズを所有する。サントリーは故郷を遠く離れて興味を広げているのだ。

日本のウイスキーは新しい現象ではない。日本人は1920年代から国産ウイスキーを造っていたし、ウイスキーへの情熱は1850年代、アメリカの艦船が到来し、長い間鎖国していた日本が開国して他国との貿易を始めるよう条約締結の交渉を行ったときにまでさかのぼる。

艦船の提督がアメリカのウイスキーの樽と、416リットルのその他の洋酒を自ら持参し、将軍に献上した。このときに賽は投げられた。日本のウイスキー熱はこうして小さな目立たない芽を出し、そこから育っていったのだ。

日本はすでに、アルコールと長く安定した付き合いを続けていた。評価が高まっている米のワインである日本酒、蒸溜酒の焼酎や泡盛は、かなり古くから造られてきた。だから、日本では入手しにくい穀物である麦芽（モルト）から造られる蒸溜酒に日本人が夢中になったのは、意外に思われるかもしれない。日本は150年ほどのビール造りの歴史があるが、その期間のほとんどは、異常な高値でほとんど口にできないか、もしくはビールとは名ばかりの代物で、大麦の麦芽（モルト）とは全く縁のない飲み物だった。20世紀の大部分、日本政府が認可していたビールは炭酸だけが取り柄の退屈なラガーだった。

日本のウイスキーの伝説的な開拓者、竹鶴政孝は1918年にスコットランドに留学して「正統」なシングルモルトウイスキー造りを学んだ。サントリー創業者の鳥井信治郎は1923年に日本初の蒸溜所を設立した。しかし、その60〜70年前に、すでにウイスキーの探究は始まっていた。

19世紀後半、ありとあらゆる混合飲料が「ウイスキー」として、時には「スコッチウイスキー」というラベルを貼られて出回っていた記録があり、その状況を正すために誰かが立ちあがるのは時間の問題だった。しかし、20世紀に入っても長い間、日本のウイスキーは国内市場での流通にとどまったうえ、流行に敏感な日本の若者たちがスコッチに興味を持つようになると、彼らは国産品ではなくそちらに目を向けた。

日本のウイスキーは、今日のステータスを築くまでにはさまざまな障害を乗り越えなくてはならなかった。事実無

根なのに、日本のウイスキーはもちろん、どんなウイスキーもスコッチには絶対にかなわないと思っている人もかなりの数にのぼる。しかも、日本のウイスキーはアイルランドやアメリカのウイスキーにはない問題も抱えていた。スコットランドと同じ方法で造られているため、直接的に比べられるのは避けられない運命だったのだ。

真似事ではないかという疑問について、ここでさっそく考えておこう。日本のウイスキーがスコットランドから多大なインスピレーションを受けていて、英語の綴りもアイルランドやアメリカの「whiskey」ではなくスコットランドと同じ「whisky」を採用しているのは事実だ。日本のウイスキー産業が、スコットランドのウイスキーに膨大な影響を受けていることは否定できない。日本のウイスキーの「誕生」にまつわる話もスコットランドでウイスキー造りの研修を受けたことが基本にあり、日本の蒸溜所の場所もスコットランドと同じ条件の多くを満たしていることから選ばれた。さらに、アメリカをはじめとする他の国では、さまざまな穀物でさまざまなスタイルのウイスキーを造る多彩なウイスキー産業がみられるのに対して、日本はシングルモルト、ヴァッテッドモルト、ブレンデッドウイスキー、それに少数のグレーンウイスキーというスコットランドのウイスキーの青写真に忠実であり続けている。

両国のウイスキーが比べられるのは無理もないと思える理由は、他にもいくつかある。日本にも大麦はあり、焙煎した麦で作られる麦茶はポピュラーな飲み物だが、ウイスキーの原料にはスコットランド産の大麦を輸入していて、バーボンやシェリーを造るのに使われた後の伝統的なオークの樽を主に使っている。それから、日本にはブレンデッドウイスキーがある。最高級のブレンデッドウイスキーを造るには、複雑な風味をもたらすように多彩なモルトを使う必要がある。スコットランドでは、ウイスキー生産者の間に協定があり、スピリッツを交換し合うことで、各ブレンダーができるだけ幅広いチョイスを得られるようにしている。これは日本には当てはまらない。ライバルとはシェアしないというのがビジネス上の慣行なのだ。いずれにせよ、サントリーとニッカはそれぞれ国内に2か所ずつしか蒸溜所を持たない。

したがって、この問題を克服する方法は2つしかない。ひとつは、大きさや形の違うスチル（蒸溜器）を備え、複数の種類の酵母を使い、多様なスピリッツを異なる種類の樽

14　**前書き**　｜　*Introduction*

ロンドンのラーメンバー、トンコツ。日本のウイスキー60種あまりがラーメンとともに楽しめる

スコットランド、アイラ島のラフロイグ蒸溜所。ビームサントリーが国外に所有する蒸溜所のひとつ

で熟成させること。もうひとつは、海外から輸入して用いることだ。幅を広げるための後者のやり方には、眉をひそめる人も少なくない。

スコットランドからモルトウイスキーを輸入して、「ブレンデッドウイスキー」と呼ばれる製品に使っている国は、日本だけではない。インドにはやはりこうしたウイスキーがあるし、カナダでは、ウイスキーに他のどんな液体でも混ぜることが認められていて、ケンタッキーを本拠地とする企業が経営する蒸溜所では、バーボンを加えている。ビームサントリーのスペインにあるDYC蒸溜所では、ラフロイグとアードモアを国内産のブレンドに加えている。しかし、日本のウイスキーが国際競争の中で大成功を収めていることから、これらがまさにスポットライトを浴びる結果となり、コメンテーターの中にはこうした慣行は間違っていて廃止するべきだという声も出ている。

日本のウイスキーを、「私もそれにします、と注文されるようなたぐいのスコッチをちょっとましにしただけ」と見下すのは短絡的だ。日本の蒸溜所で働いている人は、完璧なレベルまで分析と改善を重ねていて、その中でスコットランドは明らかに主要なお手本になっている。しかし、当初から、サントリー創業者の鳥井信治郎は日本人の舌に合うウイスキーを作ることを目指したのだし、日本のウイスキーを飲めば飲むほど、その多様性と幅の広さ、複雑なウイスキーが多いこと、またそこにみられるアロマや風味の多くが独自のものだということが理解できるようになる。

ウイスキー造りには基本的に、大きく分けて2つの方法がある。スコッチと同じ方法を取る場合、長年実践されてきたのだから、ウイスキーは非常に高品質でなくてはならない。あるいは、バーボンや、アメリカ産の実験的なグレーンウイスキーを加えるなど、全く違う方法を取ることもできる。

さらに掘り下げてみよう。すべてのスタイルのウイスキーは、穀物、酵母、水から造られる。ウイスキーは2つの方法で造ることができる。ポットスチル、あるいはコラムスチル（別名コンティニュアススチル）が使われる。日本でも、スコットランドでも両方使われている。ウイスキーには5つのスタイル、すなわちシングルモルト、ヴァッテッドモルト、ブレンデッドモルト、シングルグレーン、マルチグレーンがある。日本ではこの

17

上　スコットランドでも日本でも伝統的な手法でシングルモルトウイスキーを造る過程で使われるポットスチル
左下　日本の蒸溜所の大部分が、輸入された大麦を使っている　右下　ウイスキーのブレンドに使われるブレンディング用サンプル

日本のスモーキーなウイスキーを造るのに使われるピート　　日本ではバーボンやシェリーに使われていた木の樽が用いられている

すべてが造られている。この点でも、スコットランドも同様だ。ウイスキーの味を決めるこれ以外の2つの主な要因として、大麦を乾かすのに使われるピートと、モルト原酒を熟成させるのに使う樽がある。ここにおいても、日本とスコットランドはほぼ同じ道をたどる。

日本のウイスキーは、非常に重要な時代を迎えている。生産量の不足が数年続いたのちに、2015年、状況は危機的になり、ニッカはついにそれまで熟成年数をつけていた銘柄のウイスキーのラベルから熟成年数を削除すると発表した。こうして、増え続ける需要に対応するため、生産者はより若いウイスキーを瓶詰めすることを可能にした。この現象はウイスキー界全般で頻繁に起こっている。原理的には何も間違ったところはないし、今のところ、年数を表示しないウイスキーは、サントリーもニッカも期待にかなう高い水準を保っている。新しい秩父蒸溜所は3〜4年という短い熟成期間のウイスキーを出荷しているが、一定した高い水準にある。

ニッカは品ぞろえのうちいくつかの銘柄を廃止してしまったので、消費者にとっては選択の幅がせばめられたことは残念だ。しかし、このことは会社にとってさらに深刻な問題をはらんでいる。ニッカは、ウイスキーが底をついて廃業せざるをえない事態を防ぐためにこうした変革を行ったと説明している。サントリーも、供給が追いつかないという深刻な状況に直面した。この本で扱おうとしている2001〜16年の期間に、日本のウイスキーを飲むことができた者たちは、最上の日本のウイスキーが簡単に入手できた「黄金の窓」を享受していたともいえるかもしれない。その窓は今ではすでに閉ざされ、それが再び開くのには何年もかかるかもしれないし、そのときもその窓は少ししか開かない可能性がある。では日本のウイスキーの未来はどうなるのだろうか。少数のウイスキーライターや一握りの専門家（その多くがこの本に登場する）を例外として、熟慮のもとに造られて見事に洗練された日本の上質のシングルモルト、ヴァッテッドモルト、ブレンデッドウイスキーの品質を、供給不足という問題を超えて理解しようと努力している人はほとんどいない。日本のウイスキーは無知の霧から最近ようやく姿を現しはじめたばかりで、謎に包まれた好奇心の的という存在にとどまっている。

それはなぜだろう？　ひとつの理由は、1世紀以上の歴史があるにもかかわらず、平均的な非日本人の消費者は「日

本のウイスキーは新奇なもの」と考えていること。さらに、ほとんどの人が日本のウイスキーについて耳にしたことはあっても、実際に目にした人は少なく、飲んでみた人となるとさらに少ないことが挙げられる。また、日本のウイスキー産業がマーケティング下手であることも背景にある。

日本とそのウイスキーとの出会いを通して、私にはさまざまな良い思い出があるのだが、なかでも忘れられないのが、サントリーのグローバル・ブランド・アンバサダーである宮本博義とともにテイスティングをして、ウイスキーにまつわる見事な見識を語ってもらった日のことだ。ある午後、山崎と白州のさまざまな表情を味わいながら、彼の案内で日本のウイスキーの真髄を訪ねる旅をしたような気分だった。彼は日本のウイスキーを複雑で多様なものにしている背景を説明し、日本のウイスキーのメーカーがモルトやブレンドを完璧に造りあげるために傾けている膨大な工夫について、興味深い洞察を語ってくれた。

とはいえ、私はこの本での試みと、私の限界について、幻想を抱いているわけではない。2015年9月にこの本を書き始めた時、私をはるかに超えた知識の持ち主数人にコンタクトを取った。日本のウイスキーに関する必見のウェブサイト「Nonjatta」の編集長、ステファン・ヴァン・エイケンからすぐにメールを受け取った。本について「野望に満ちた」アイデアだと評し、それを実現しようとする私は勇気ある男だと書かれている。尋常ではないと思ったのだろう。

もしも私が目指した本が、ウイスキー造りについての決定版のガイドブックとか、日本の複雑な蒸溜所事情についての解説書だったとしたら、彼の意見は正しい。日本のウイスキー産業についての技術的な側面を扱おうとしたら、それはライターにとってエベレスト登山に匹敵する挑戦になるだろう。英語でこうした本を書こうという試みは過去にもあり、かなりの努力が傾けられたが、いずれも成功しなかった。今後も同じようなことを考える人はいるだろう。ステファンはすでに2年間かけてこうしたプロジェクトを進めているそうで、成功を心から祈っている。日本のウイスキーについての正確なマニュアル本が求められているのは確かだ。

しかし、この本はそういうたぐいの本ではない。本書はひとつの取材記録である。日本のウイスキーの起源と、現状に至る道筋をたどることが目的だ。これは「ゼロから出発した英雄の物語」であり、国内だけの秘密にとどまっていた日本のウイスキーが世界で最もエキゾチックでエキサイティングなウイスキーとして称賛されるようになるまでを説明する試みである。

その道すがら、日本の蒸溜所を訪問し、日本内外の優れたウイスキーバーやレストランにスポットを当て、日本のウイスキーの革命を引き起こした多数の人たちに話を聞いた。テイスティングノートでは、日本のウイスキーを世界に知らしめた上質のモルトを選んで紹介した。

しかし、この本のリサーチをしている最中に、不定期に、そしてたいていごく少量のみ造られているウイスキーにも遭遇した。これらは日本酒や焼酎の生産者がたわむれに造っているものだ。「地ウイスキー」と呼ばれ、東京の代表的な小売業者「dekantā」によれば「地域の小規模な蒸溜所で造られ、全国規模では売られず、地元だけで販売されるウイスキー」と定義される。英語の「ローカルウイスキー」に当たる。

地ウイスキーは日本酒や焼酎に使われるのと同じ装置で造られることがあり、大規模生産者のウイスキーとはかなり違った味わいを呈することが多い。なかにはすばらしいウイスキーもあるが、オープンな気持ちで飲んでみることをお勧めする。

こうした希少なウイスキーや、国内市場向けに造られているウイスキーが存在する以上、包括的なリストを作りあげることはほとんど不可能だ。「dekantā」のサイトはかなり網羅的で称賛に値するが、この本ではこうしたウイスキーは取り上げない。

この本を通して、日本のウイスキーの洗練、ニュアンス、そしてクオリティーをいくらかでも伝えることができて、耳にしたことはあっても二の足を踏んでいる方々がその魅力を発見するきっかけになればと願っている。技術的な解説をしたり、多面的な顔を持つぐいまれな日本のウイスキーの秘密を解き明かそうとしたりするつもりはない。

日本という国やそのウイスキーを特別なものにしている背景としては、読み進めればわかっていただける通り、地理的な場所、天候条件、蒸溜所で用いられている手法、それに原酒の熟成方法から始まって、さまざまな要素がある。まずは、日本人がウイスキーを飲むようになったいきさつから見てみよう。

日本のウイスキーに乾杯！

山崎蒸溜所の樽の中で熟成したウイスキーは、テイスティングを経て瓶詰めされる

CHAPTER

1

ONE

第 ① 章

日本の
ウイスキーの歴史

The History of Japanese Whisky

伝統的にウイスキー造りを行って高い評価を受けている世界5か国に日本が含まれるというと、眉をひそめる人も少なくない。しかし、ウイスキー関係者の間ではそのように認められているし、日本の蒸溜所はウイスキーの世界でトップレベルにあることを誇りにしている。

日本のウイスキーは、その希少性をはじめとするさまざまな理由から、歴史が浅いと誤解されている。「去る者は日々に疎し」というが、そもそも出会う機会が少ないことから、日本のウイスキーはまだ生活に溶け込んでいないし、棚に日本の銘柄が他のウイスキーと交ざって普通に並ぶという段階には至っていないのだ。

実際に、日本のウイスキーが欧米で紹介されるようになってからまだ歴史が浅く、2000年以降のことだ。しかし、日本国内ではウイスキーは100年を超える長く色彩豊かな歴史を持っている。ただ、その大部分が日本国内にとどまっていたというだけなのだ。

日本のウイスキーについての情報は、主に2大メーカーのサントリーとニッカからもたらされたものである。そして、日本のウイスキー創成期については、両社ともに一部しか語ってこなかった。双方とも1920年代を国産ウイスキーの出発点としているが、これから見ていくように、実はこの前にも長く重要な歴史があった。政治的理由のために、ウイスキーの歴史の糸が見えない時期もあり、このことについては相当深く掘り下げる必要がある。しかし、それは確かに途切れることなく続いてきたもので、何世代にも及ぶウイスキー生産者たちの柔軟性、洞察力、情熱、それに高い技術にまつわる物語にほかならない。彼らはウイスキー産業を立ち上げて発展させ、酒好きの日本人たちに喜ばれる味を提供し、やがて世界中のファンを魅了するようになる。

ここでは、スコットランドのウイスキー産業から得た小さな火種から始まった日本のウイスキーが、世界中を明るく照らすまでのいきさつを振り返りたい。

鳥井信治郎と
竹鶴政孝

Shinjiro Torii and Masataka Taketsuru

　鳥井信治郎と竹鶴政孝が、日本に本物のウイスキーが誕生するにあたって果たした役割については詳しい記録があり、その大部分については議論の余地がない。しかし、時間の経過とともに、彼らのストーリーは平面的に語られるようになってしまった。20世紀の初頭にふたりの中心人物が現れ、ほとんど一夜にして得た情熱に突き動かされて、スコットランド人と同じやり方でウイスキーを造り始めた、というものだ。しかも、ストーリーに登場する主要な会社、サントリーとニッカは、その史実に選択的な解釈を加えている。そして、「選択的」というのは、かなり甘く見た場合の話なのである。サントリーのバージョンでは、鳥井信治郎は「寿屋」という名前の会社の社長で、「赤玉ポートワイン」を発売、大成功を収める。サントリーのウェブサイトによれば、「この成功によって得られた資金をもとに、信治郎は繊細な日本人の舌に合うウイスキー造りをしようと決意しました。この挑戦は不可能なものだと考えられていましたが、信治郎は正統派の日本のウイスキーを造りたいという熱意に突き動かされていたのです」。

　初期の努力はあまり実を結ばず、1929年にようやく会社が自信を持って商品として出荷できるようになるまで、ブレンディングと蒸溜のプロセスを完成させるために、かなりの時間とお金が費やされた。サントリーウイスキーの「白札」が、初の国産ウイスキーとされ、サントリーはこれに大変満足し、本物のスコッチと肩を並べるウイスキーを造りあげたと発表、新聞広告では「舶来盲信の時代は去れり」と断言した。

　このウイスキーの売り上げはかんばしくなかったが、その失敗を受けて1937年には角瓶が発売され、大きな成功を収める。

サントリーは創成期、サントリーウイスキー「白札」の失敗を受けて、ブレンディングのプロセスを向上させるために努力した

日本人の舌に合うウイスキー造りに挑んだサントリー創設者、鳥井信治郎

　ニッカの説明する経緯は、これと少し異なる。ニッカによると、家業の酒造業を継ぐことになっていた若者、竹鶴政孝が、化学の勉強をして、その後スコットランドに留学するチャンスを得る。留学中、竹鶴はスコッチウイスキーに夢中になり、知識を深め、ウイスキー造りこそが自分の天職だと決意するに至る。

　やがてグラスゴー大学に在籍し、ウイスキー造りの技術を学ぶ最初の日本人となった。大学では化学を専攻し、蒸溜所で修業し、職人から直接技を伝授される。竹鶴はのちにマスターブレンダーとなる。

　スコットランドが日本のウイスキー産業の主要なお手本になったのは、ジェシー・ロベルタ・カウンの努力によるところが大きい。愛称はリタで、スコットランドで竹鶴と結婚し、帰国する彼とともに日本に渡り、およそ40年を彼のそばで過ごし、創業を支え、「日本のウイスキーの母」と呼ばれるまでになった。リタを主人公にした連続ドラマが日本で高い視聴率を獲得している。第二次世界大戦中には西洋の事物や人物に対して反感が向けられたことから、苦難に満ちた年月を乗り越えた女性だ。在日の西洋人にとってはつらい時代だったが、リタは夫とともに揺るぎない信念を貫いた。

上　鳥井家の父子。小さなファミリービジネスが、世界有数の酒造会社に成長した
右上　竹鶴政孝とリタ・カウン。竹鶴はウイスキー造りを学ぶためにスコットランドに留学し、そこで出会ったジェシー・リタ・カウンと結婚。日本に連れて戻り、40年間ともに暮らした

古代のルーツと西洋の影響

　これら2つのストーリーを検証すると、それぞれに省略や誇張が見られることに気づく。では真実はどこにあるのだろうか。第一に、日本のウイスキーは一夜にしてセンセーションを呼んだわけではない。日本は神話時代からの酒の歴史と、複雑な文化がある。酒、ワイン、ビールは大量に消費され、焼酎や泡盛といった威厳ある蒸溜酒には、それぞれ複雑かつ繊細な歴史がある。

　しかし、日本の蒸溜酒への欲求は、国産の酒だけで満足できるものではなかった。クリス・バンティングは権威ある著書『日本を飲む（Drinking Japan）』で、シングルモルトウイスキーを含め、日本の優れたバーは世界中の良質なお酒を厳選して出していることから、アルコールを飲むなら日本が世界で最良の場所であるという興味深い主張をしており、国内で生産されているお酒の評価も掲載している。バンティングによれば、これだけ多種多様な世界のお酒が一堂に介する国は日本をおいてほかにない。そして、西洋

左下　沖縄で造られている日本の蒸溜酒、泡盛
下　西洋風のスタイルの日本産ビール。日本はお酒の長い歴史があり、他国には例を見ないほどバラエティーに富んだお酒を楽しむことができる

上　マシュー・ペリー提督。1854年に来日し、アメリカからウイスキーをもたらした
下　日本の歴史的な開国を再現する絵画。1854年3月31日、横浜で、ペリーが日本の行政官と日米和親条約を調印した

のお酒に対する興味や情熱は、今になって始まったことではないのだ。

ニッカは歴史的経緯として、「スコッチウイスキーがその若者の想像力をつかみ、当時の日本の起業家たちの興味を引いた」とも説明する。日本人は外国の事情によく通じており、スコッチウイスキーのクオリティーについても熟知していた。日本が西洋との貿易を拒否して「鎖国」していた時代にも、ウイスキーについての情報は届いていた。

日本のブログ・ウェブサイト「Nonjatta」によれば、「日本は、蘭学の研究者を通して、また限定された貿易の権利を得ていたオランダ商人を通して、外国の事物について常に詳細な情報を得ていた」という。確かに言えるのは、ウイスキー、より正確にはアメリカ産のウイスキーは、日本が西洋諸国に向けて開国するのと同時に到来したということだ。1854年、マシュー・ペリー提督が通商条約の交渉を行うために黒船で日本を訪れたときも、アメリカ産のウイスキーを1樽と他の洋酒110ガロン（416リットル）を、将軍とその家臣への贈り物として持ってきたという。

日本人がスコットランドに留学して正式に蒸溜技術を学ぶにはあと60年待たなくてはならない。その間、人々の興味は北米産ウイスキーからスコットランド産ウイスキーへと移っていった。この興味の背景には、19世紀後半に貿易のための渡航が増えたことがあるとも考えられるが、日本を訪れる船員たちと地元の人々との間にどれだけの交流があったかについては、議論の余地がある。商船の隊長だったウィリアム・メイは、『ある船乗りの人生（Life of a Sailor）』で、東京を訪問した体験について暗澹とした告白をしている。「日本人は外国人に対しては強い嫌悪感を示し、横浜ですら、日本人の反感を買わないように注意する必要があった。首都東京（当時は江戸と呼ばれていた）では、騎兵の護衛を必要としたほどだ」

決定版ともいえる本『ウイスキー世界地図（The World Atlas of Whisky）』の中で、著者のデーヴ・ブルームは、日本がスコッチウイスキーのみならず、西洋式の蒸溜酒全般を受け入れるようになった年と、そのきっかけとなったブランドを特定している。1873年に岩倉使節団がもたらした1箱のオールドパーがすべての始まりだったというのだ。

もちろん、当時からいくつかの日本の企業が、研究所の力を借りて西洋式の蒸溜酒を造っていた証拠がある。ウイ

右 ロングモーン蒸溜所。スペイサイドにあるこの蒸溜所は、竹鶴政孝がスコットランドで初めて修業した場所だ
右下 サントリーの最初の蒸溜所で、記念写真の撮影に応じる従業員たち

スキーを名乗るボトルは、穀物でできた蒸溜酒に果汁やスパイス、香料を混ぜたものだったことが明らかになっている。これが、「オールドスコッチ」とか「スコッチリキュール」などと書かれたボトルに入れられて出回った。鳥井も竹鶴も、こうした西洋式の蒸溜酒を造る会社に勤務していた。

ブルームが指摘しているように、このように研究所で造られた蒸溜酒をあげつらって、日本はスコットランドの真似をしただけで、日本のウイスキー造りは環境ではなく科学に基づいて始まったものだと結論づけるのは「根本的な間違い」である。

その後に起こった出来事が、このことをはっきり示している。竹鶴政孝はグラスゴーに行って蒸溜技術を学ぶ最初の日本人になることを決め、研修生として受け入れてもらうまで、最初はロングモーン、続いてヘーゼルバーンと、蒸溜所のドアをたたき続け、ボーネスでブレンディングを学ぶために数か月を過ごすことになった。今日も続く言葉と文化の壁を考えると、このことは大変な快挙だったといえる。

もうひとつ考慮すべき点がある。この本を書いている間に、アルゼンチンのラ・アラザーナ蒸溜所から写真が送られてきた。蒸溜所のオーナーたちと並んで写っているのは、スコットランドの伝説的なウイスキー職人で今は引退してしまったジム・マキューアンだ。そこで私の心を打ったのは、スコットランドのウイスキー関係者がもてなしの精神と寛大さを持ち、すすんで人を助けたり知恵をシェアしたりするという、スポットの当てられていない事実である。こうした特質は、明らかに100年前から続く伝統であり、今日も健在なのだ。

竹鶴はスコットランド滞在中、カウン家に下宿し、リタと結婚して2年も経たないうちに、1920年にともに帰国した。

当初、竹鶴が勤めていた寿屋は、鳥井が社長で、酒精強

1923年、山崎の渓谷地帯で落成した
山崎蒸溜所の初期の写真

化ワインやスイートワインで巨額の富を得ていた。鳥井は最初から、日本人の舌に合うウイスキーを見つけるという決意を持ち、本州でウイスキー造りにとって完璧な場所を探り当てる。新鮮な水と湿度の高い気候がその条件に含まれていた。

しかし竹鶴の考えは違っていた。スコットランドと地理的・天候的条件ができる限り似ている蒸溜所を作ることを目指したのだ。

ふたりは蒸溜所の場所と環境にこだわる点では一致しており、鳥井が日本初のウイスキー蒸溜所を山崎に設立し、国産で最初の本物のウイスキーを売り出すのに竹鶴は協力したが、ふたりの協力関係は長続きしなかった。1934年には竹鶴は独立、のちにニッカと改名される会社、大日本果汁を創業し、北海道の余市蒸溜所を設立した。

経済の変動

　その当時、日本の国と産業界は、先行きの見えない大きな不安を抱えた時代に突入していた。1937年、日中戦争が勃発したのに続いて、1941年には大惨事をもたらす第二次世界大戦に突入した。

　奇妙なことに、日本人が貧困と飢えに苦しんだこの時代、日本のウイスキー蒸溜所は軍事上の特権を与えられた。1930〜40年代、帝国海軍がウイスキーを採用し、余市は海軍基地にも指定された。

　純粋に経済的な見方では、これは幸いなことだった。ニッカは1930年代初期に大金を失っていたからだ。竹鶴とリタはビジネスの存続のために努力し、西洋に対する反感が高まる中で、リタは周囲の人々から暴言を吐かれたり、疑いの目で見られるなど、困難な生活を強いられた。

　第二次世界大戦の後も極度の貧困が続いたが、日本のウイスキーを救ったのはやはり軍隊で、今度はアメリカ占領軍だった。経済力が復活し始めると、日本の若者は、当時急増したバーでウイスキーを傾けることで、過去の記憶を忘れようとした。

　1950年代半ばまでに、サントリーは1,500軒の「トリスバー」を設立した。トリスバー人気は、「サラリーマン」と呼ばれるようになった会社員たちの間で終業後にウイスキーを飲むのが流行したおかげで定着し、これはその後も日本の文化に深く根付く習慣となった。

　しかし、昇りつめた後は下るしか道はない。ブームは続かなかった。クラブやバーが増えただけではなく、休暇や仕事で海外に出かける機会が増え、働く女性が多くなった。若者は国産ウイスキーの強い味に背を向け、カクテルやジュースをベースとする飲み物を好むようになる。その結果、日本のウイスキーは大打撃を受けた。新世代の若者たちは、日本のウイスキーを年寄りの飲み物だからと敬遠し、ウイスキーを飲む場合でもスコッチのシングルモルトを選ぶようになった。

　しかし、「Nonjatta」のサイトは、鳥井信治郎と竹鶴政孝が日本のウイスキーの初期の歴史を「書く」よりもずっと以前から、日本のウイスキー興隆の種は撒かれていたと主張する。日本のウイスキーの発達に、西洋人が介入する必要がなかったこともやはり事実である。

上　サラリーマンたちの需要に応え、ウイスキーを供するためにサントリーが設立したトリスバー
右　日本に駐留したアメリカ占領軍が飲んだおかげで、第二次世界大戦後、衰退していた日本のウイスキーは救われた

外圧

　日本のウイスキーメーカーは、ウイスキーの製造にも販売にも優れた成果を挙げてきたが、ある代表的な小売業者が日本のウイスキー産業を指して使う言葉が「ガイアツ」だ。成功するためには、日本人は外国人からの圧力を必要とするということを意味する。日本の政治家たちは、海外の影響を受けて、とりわけ失敗することを恥と思う不安な気持ちによって初めて、思い切った決断を下すことができるという常識があるのだ。

　たとえば日本が1850年代に開国し、アメリカ産ウイスキーを日本人が初めて味わうことにつながった「黒船外交」にも当てはまる言葉だ。2000年代初頭の日本のウイスキーにも同様の経緯がある。日本は国産ウイスキーを、日本人だけで創造した。日本人だけで、試行錯誤を繰り返して必要なことを学んだ。2つの主なメーカーは、日本のウイスキーを国内市場に導入することに成功し、先見の明をもって、プレミアムウイスキー、そしてシングルモルト、さらにブレンデッドモルトの人気が高まることを、やはり日本人の力だけでさとった。

　今日の日本のウイスキーのサクセスストーリーには、やはり外圧が必要だった。この本でも、この後のページには西洋の人々が多数登場しているが、これは日本のウイスキーが未知の存在から世界で大きな敬意を集めるようになった時期に、多くの西洋人たちがその動きを先導したからにほかならない。だからといって、蒸溜所や倉庫で働く職人たち、ディスティラー（蒸溜酒製造者）やブレンダーの卓越したウイスキー造りの技術についての評価が下がるわけでは決してない。しかし、2001～16年の黄金時代に、上質なウイスキーの豊かな世界に魅了され、愛と情熱をもって日本独特の文化と言語の障壁を克服した少数派の人たちの貢献も認めたい（そして感謝を捧げたい）。しかも彼らは中立的で客観的な意見を述べ、日本のウイスキーの価値を認め、それらを積極的に出すバーやレストランを探して出かけ、東洋からやってきた極上のウイスキーを少しだけ高いお金を払って味わい、そしてもしかしたら日本についての知識を得て、現地の蒸溜所を訪れるということに、確かな意味があると示したのだ。

CHAPTER

2

二

TWO

第 2 章

日本の
ウイスキー造り

Making Japanese Whisky

ウイスキー造りには2つの方法があると言われる。それは、優れた技術を要するスコットランド人が用いている方法か、そうではない方法だ。日本の蒸溜所はウイスキーをスコットランド方式で造る。そして、優れた技術を持っている。

日本のウイスキーメーカーは、スコットランドの影響を受けていることを進んで宣伝する。誇りを持って、ウイスキー造りのパイオニアだった創業者がスコットランド人直伝で技術を身に着けたことを強調し、今に続くスコットランドの影響にオマージュを捧げる。2001年に世界を代表する専門家たちの投票によって日本のウイスキーが世界一に選ばれた時も、メーカー側は最良のスコッチに匹敵する評価を受けたという事実に大きな満足感を示した。

しかし、日本のウイスキーが、スコットランド人が造るウイスキーの色あせたコピーでしかないと考えるのは大きな間違いで、事実は全く異なる。

シングルモルト、グレーンウイスキー、ブレンドを造る製造過程は、ウイスキーの生産地にかかわらずほぼ同じだ。しかし、これから見ていくように、日本はそれを見直し、国内市場の志向にあわせて調整を加えた。そして、製造過程がほぼ同じだとしても、日本のディスティラーが大きさやタイプの異なるさまざまなスチルを、精巧なジグソーパズルのように組み合わせて用いるのは他に例を見ない。

主な日本のディスティラーは、時に数百種に及ぶこともある多種のモルトとグレーンウイスキーを造り、その原酒をさまざまな組み合わせで混ぜあわせてブレンデッドウイスキーを造る。日本にしかないミズナラの木で造られた樽をはじめ、さまざまな樽で原酒を熟成させ、スコッチとははっきり異なるシングルモルトを造り出す。スコッチのシングルモルトのファンもおいしいと感じて愛飲できるウイスキーであり、しかも飲む人に新鮮で楽しい旅のような体験をさせてくれる。

日本の地理と気候

Japan's Geography and Climate

ウイスキー通の間では地理と場所についての議論が尽きることはなく、ディスティラーはワイン業界と同じように「テロワール」について語るようになってきた。しかし、技術革新により、ウイスキー製造が可能な場所は、かつてないほど柔軟に広がっている。たとえば、蒸溜所を軟水の水源の近くに設ける必要はなくなり、酷暑も克服できる条件であるばかりではなく、利点として生かすことが可能になった。求められる主な条件は水である。非常に大量の水、しかも理想的には氷のように冷たい水があるとよい。

日本の地理と天候条件は複雑だが、これがウイスキー蒸溜にはぴったりな条件になっている。日本は何百もの島で構成されているが、主な島は北海道、九州、四国、それに首都東京がある最大の島、本州の4つ。東京は日本の東側にあり太平洋に面していて、西側は日本海があり日本を隣国の韓国と北朝鮮、中国、ロシアから隔てている。

地図上で大きなアジアの隣国と比べてみると、日本は極めて小さく見える。実際、陸地面積はカリフォルニア州とほぼ同じ。日本の大部分は人が住めない環境だ。5割以上が森に覆われた山岳地帯で、ほとんどの部分で船の航行が不可能な河川が、陸地を縦横無尽に流れている。

日本の蒸溜所は本州全体に広がっていて、そのうちの4つは本州の中心に、1つは北部に、2つは南部にある。これらの場所は気候条件が適していて、水が豊富で、東京をはじめとする人口密集地帯に近いことから選ばれた。

都市部から離れたところに造られた蒸溜所もある。日本の最北、北海道で唯一の蒸溜所が余市で操業中。北海道で

上・下　本州でウイスキー造りにふさわしい条件を備える富士山麓
右　サントリーの第2の蒸溜所で、「森の蒸溜所」として知られる白州は、世界でも有数の美しさを誇る

は、さらに厚岸にも蒸溜所が開設される計画がある。北海道にはスコットランドに非常に近い条件があると考えられている。冬は雪が降り、水が豊富にあり、さらにピートが採れる湿原が将来に向けて期待されている。もちろんここでは、ウイスキー造りに使われる水が豊富に得られることと、蒸溜されて気体になったスピリッツを冷やして液体に戻すための冷たい水にも不足しないことが利点となる。

　南北に長い日本では、気候条件が場所によって大きく異なる。世界の別の場所と比較してみると、日本の最北端の島々は、ポートランド、オレゴンとほぼ同じ緯度にあり、余市はウラジオストクとほとんど横並びだ。一方で日本の最南端の島々は、バハマと同じ緯度にある。

上　ピートの湿原。ほとんどのピートは輸入されているが、秩父蒸溜所などでは地元産のピートだけを使用することにこだわっている
右　日本は冷たい清水に豊富に恵まれている

東京をはじめとする日本の主な都市は、温帯から亜熱帯性の気候で、四季が訪れる。冬は温暖で、夏は暑く湿度が高い。初夏に雨季があり、台風が毎年夏の終わりに国の一部を襲う。ウイスキー製造もこうしたファクターの影響を受ける。高い気温が熟成を促進し、湿度が生産過程で失われる原酒の量に影響するのだ。

北海道や日本海沿岸の気候はより寒冷で、雪が大量に降る。一方、沖縄では、真冬である1月の気温が17度に達する。低温では熟成が遅くなり、気温の変動があれば促進される。

気候を左右するファクターとしては、緯度と経度だけではなく、大洋の海流もある。南から流れる黒潮や対馬海流は、太平洋沿岸と対馬海峡沿岸の南部を温暖にしている。冷たい千島海流（親潮）は、南下して北海道に向けて流れ、沿岸海域に豊富な養分をもたらし、漁業に恩恵を与える。ここでも、気温がウイスキーの熟成を左右する。

北アジアからの冷たい風が、日本海の東側に吹き、北西部の海岸に大量の重い積雪をもたらす。「雪国」と呼ばれる日本海沿岸の冬は、本州太平洋沿岸の人口密集地域の冬とは、大きく違っている。後者では快晴が続き、雪はほとんど降らない。

日本の多様な気候

札幌（北海道）
- **降雨量**：年間1,180キロリットル
- **湿度**：年間70.8％、7月は80％まで上昇
- **降雪**：年間131日

大阪（本州）
- **降雨量**：年間1,870キロリットル
- **湿度**：年間65.4％
- **降雪**：年間を通して降らない

左端　魚沼の越後駒ケ岳、銀山平の風景
左　笹川流れ。日本海沿岸にあり、冬は厳しい寒さに見舞われる
上・次ページ　河口湖と富士山。蒸溜と冷却のために必要な水が、富士山麓の雪によって安定供給される

　北海道の余市に近い札幌の1月と2月の平均気温は零下5度、8月は22度。一方で山崎蒸溜所に近い大阪では、平均気温が1月の4度から8月の28度まで変化し、気温が30度台半ばまで上がることもある。

　太平洋沿岸も、季節風が周辺の海から湿気を運んでくるおかげで、豊富な降雨量に恵まれている。アメリカの温帯に似た四季があるのに加えて、6月には1か月ほど続く梅雨があり、暑い夏がそれに続く。

　こうした要素がすべて、日本で造られるウイスキーの質を左右する。山から流れる新鮮な冷たい水、大量の雪、気温の変動はすべて発酵、蒸溜、熟成に影響を与える。北端にある余市と、南部にある宮下（岡山）や山崎では気候が大きく異なる。本州の中でも、山間にある白州（山梨）と、太平洋に面しているホワイトオーク（兵庫）の間では、気候に大きな違いが見られる。

シングルモルト
ウイスキーの製造

Making Single Malt Whisky

シングルモルトの製造過程は、場所にかかわらずほぼ一定している。シングルモルトがすばらしいのは、実に豊かなバリエーションが生み出せることだ。できあがったウイスキーは樽ごとにどれも異なっていて、モルトの魔法のせいで、最終的なアロマや風味は、誰にも完全にコントロールすることはできず、国や地域だけではなく樽によっても大きく異なる。同じロットの同じスピリッツを使い、隣り合う樽の中で完全に同じ時間、熟成させた場合であってもだ。

したがって、1世紀近いウイスキー造りの歴史を経ている日本のディスティラーたちが、未踏の境地に踏み込むようになったのも驚くべきことではないかもしれない。

シングルモルトウイスキーの製造過程はシンプルだ。ひとことで要約すればバッチプロセス。すなわちディスティラーは原材料からスタートし、発酵によって「ディスティラーのビール」を造り、それを蒸溜して、木の樽で熟成させるという過程を繰り返す。

ウイスキーを造るのに不可欠な3つの材料
左 酵母
上 水
右 粉にする前の状態の乾燥させた穀物
右端 乾燥した穀物を挽いた粉

材料 ｜ シングルモルトウイスキーは3つの基本的な材料、つまり穀物、酵母、水から造られる。

穀物 ｜ 長年にわたって、穀物には収穫量を増すための改良が重ねられてきたが、業界では低収穫量の穀物がウイスキーの品質に与える影響を評価したり、穀物の原産地の違いを分析したりする実験が活発に行われている。

酵母 ｜ 酵母は風味に影響する。日本では複雑な秘法に従って酵母が使われている。どの蒸溜所も複数の酵母を用いており、その秘密は固く守られている。

水 ｜ ウイスキーを造るのに使われる水をめぐっては、さまざまなロマンティックな逸話が語られる。口当たりがやわらかくフルーティーなウイスキーを造るにはスペイの軟水が最適だと語られることが多いが、しかし物事はそれほど単純ではない。水は加工が可能なので、今では硬水が必ずしも悪条件にはならない。ウイスキーはビールから造られ、ビール醸造所はビールの発酵が硬水に最も適していることを知っている。日本には軟水と硬水の両方があり、もちろん、水がどのような経路を流れてきたかが、ウイスキーに含まれるミネラルの内容を左右する。水の最も重要な性質は清らかで純粋であること。そして、気化したスピリッツを液体に戻す際に必要な低温の水が豊富に得られることも重要だ。

モルティング（製麦）とマッシング

　モルティングは大麦に温水を加えて、「だまして」発芽させる過程を指す。それから、数日後、大麦を加熱することによって生育の過程を止める。ピート風味のウイスキーを造る場合は、この段階で燃えるピートの上で一部の大麦を乾かして、風味をつける。

　大麦が発芽すると、芽が皮を破り、アルコールを発生させるのに必要なデンプンと酵素が露出する。この過程は、数日後に止める必要があり、そのために大麦を乾燥させる。最近では電気ヒーターを用いるが、ディスティラーがピート風味のウイスキーを目指している場合は、伝統的な手法でピートを燃やして、その上で大麦を乾かして、風味をつける。

　乾燥させた後の大麦は砕いて粉にして、大型のマッシュタンの中に入れて、熱湯を加える。そのプロセスはお茶をいれる様子に似ていなくもない。デンプンと酵素が湯に溶け出して、やがて液状になって殻から分離する。この液体は、麦汁（ウォート）と呼ばれ、濃い色で甘い。これがウォッシュバックと呼ばれる槽に移される。

左　発芽した大麦（麦芽）
右　燃えるピート。特徴的なスモーキーなピートの風味がつく

秩父蒸溜所では、伝統的な木のウォッシュバックが使われる。ここでは酵母がウォートに加えられて発酵が始まり、ウォッシュ（発酵溶液）ができる

発酵

ウォートに加えられるのが酵母であり、糖分とデンプンをえさにして二酸化炭素とアルコールを生成する。この発酵過程は45〜145時間かかり、完了してできあがった発酵溶液は「ディスティラーズビア（ディスティラーのビール）」もしくは「ウォッシュ」と呼ばれる。アルコール度数が7〜11度で、ベルギーのランビックビールのように酸味がある。これは通常のビールとは異なり、わざと殺菌していない条件下で造られ、このことが重要とされるのは、含まれているバクテリアが蒸溜過程で不可欠なためだ。

発酵の時間は、蒸溜所の操業方針によって大きく異なる。伝統的に、スコットランドのディスティラーはこの過程にはあまり注意を払っていなかったが、この傾向は変わりつつある。ディスティラーはビール業界を参考にするようになった。使われる水の質、種類、そして温度が発酵の度合いを決め、できあがるウォッシュの質と味を左右する。たとえばスコットランドのスペイサイドは、スペイ川とその支流の豊かな軟水の恩恵を受けている。

47

蒸溜

ウォッシュは次に、2つのポットスチルのうちウォッシュスチルと呼ばれる方に入れられる。ポットスチルは銅で造られ、沸騰させることでアルコールを水から分離させる。スピリッツは銅のスチルを上昇し、スチルの上部から伸びるラインアームと呼ばれるパイプに到達する。

それからラインアームを通り、再び液体になる。最初のランで集められたすべてのスピリッツが、スピリットスチルと呼ばれる2つ目のスチルに送られる。

このとき、ディスティラーは一部だけを取り出して熟成させる。加熱の開始後最初に得られるアルコールは最も蒸発しやすく、また度数が強く、危険物であり、不快な味を持つので、専用の槽に取り除かれる。その後出てくる最良の部分だけをディスティラーは集め、中央の槽に取り分ける。これが「カット」と呼ばれる。一定の時間が経つと、そのうちアルコールが弱まりなめらかさもなくなるので、この部分もまた取り除かれる。

これは魚の処理にも似た手順だ。食べにくい頭を落とし、肉付きのよい胴体の部分を残して、骨っぽい尾はやはり切り落とす。シングルモルトの蒸溜所ならどこでもこの過程はほぼ同じだが、微妙な違いが結果に大きな違いをもたらす。カットが大きいほど、風味の要素がより多く含まれ、リッチでフルーティーなウイスキーになる。蒸溜所の中には比較的小さなカットしか残さないところと、重厚感のあるウイスキーを造るために大きなカットを残すところがある。

穀物、酵母、水という3つの材料は当然のことながら品質を左右する。しかし、他にも鍵となる要因があり、スチルの形やサイズもそれに含まれる。表面に起伏のある金属である銅が蒸溜に用いられ、その表面を流れると、粘性の高い成分だけがとどまる。スチルが大きいほど、銅との接触時間が長くなり、取り除かれる部分が多くなり、最終的なウイスキーがより軽いものになる。ずんぐりした形のスチルなら、重厚で個性の強いウイスキーができる。銅はまた、スピリッツの中の硫黄と反応して硫酸銅となり、不要な成分を取り除くことによって、できあがるウイスキーを浄化してくれる。

こうした要素がすべて、樽に入れる前の段階で、ウイスキーの味に影響をもたらす。

まるで巨大な銅のやかんのようなポットスチル。ウォッシュを沸騰させて水からアルコールを分離させる

熟成

　シングルモルトの最終的な風味の4分の3までが、熟成で決まる。ウイスキーの大部分はオークの樽で熟成が行われる（ただし一部に例外がある）。そしてそれは、オークがウイスキーの熟成に最も適した木材であるからにほかならない。強度があるがしなやかで、多孔質であるが液体がもれることはなく、通気性があり、熟成中のウイスキーに酸素を供給する。ウイスキーが樽の中に入っている間、以下の4つのプロセスが発生する。

1. **原酒に風味と色がつく**｜少しでも温度が変化すると、原酒は膨張したり縮小したりすることで、樽の中で動く。膨張すると、木の中に入り込み、木からも、その樽が以前使われていた際に木の中に残された残留物からも、色と風味を吸収する。
2. **成分が取り除かれる**｜木は上記と逆の作用も持ち、好ましくない雑味を中心に特定の風味をウイスキーから取り除く。
3. **化学反応**｜木と蒸溜酒が反応することで、果実、スパイス、ナッツなどを思わせる複雑な風味の成分が生まれる。
4. **酸化**｜最後に、樽に入り込む空気とその中のウイスキーが反応して酸化が起こる。

　これらの要素はかなり均質なものだが、それでも変化をもたらすいくつかの要素を考慮しなくてはならない。

上　年数や大きさに違いのあるさまざまな樽が、ウイスキーを入れるために使われる
右上　日本独自のミズナラの木（学名Quercus crispula Blume）

使われるオークの種類

　世界各地のさまざまな品種のオークには大きな違いがある。ヨーロッパのオーク（学名 Quercus roba）は、アメリカのオーク（学名 Quercus alba）とは、液体の吸収の仕方が全く異なる。フランスのオークは、いずれとも異なっているし、ハンガリーや東欧のオークは非常に多孔質だ。オーストラリアのオークは、液漏れするのでウイスキー造りには使えない。日本には固有のオーク、ミズナラ（学名 Quercus crispula Blume）があり、これが日本のウイスキーに唯一無二の特徴を与える。

樽の中に以前何が入れられていたか

　シングルモルトウイスキーを、オークの新しい木材で造られた新しい樽で造ることは珍しい。なぜなら、オークの中での熟成には長い時間がかかり、木に含まれる天然のスパイシーさや風味がすぐに強くなりすぎて、モルト原酒の微妙な味わいを台無しにしかねないのだ。だから、かつてほかの用途に使われていた樽、通常はバーボンかシェリーが入っていた樽が使われる。シェリーが入っていた樽と、バーボンが入っていた樽とでは、ウイスキーの味と色に全く異なる影響を与える。ウイスキーの熟成に最も一般的に使われるのは、バーボンまたはシェリーが入っていた樽だ。ある国に特有なものも含めて、他のさまざまな蒸溜酒やワインの熟成に使われていた樽が用いられることもある。日本では梅酒が入っていた樽が使われてきた。

日本のオーク、ミズナラ　*Quercus mongolica*

日本には、ミズナラと呼ばれる特有のオークがある。1930年代から使われ、最初は他で採れるオークが不足したために導入された。1937年からの日中戦争と、第二次世界大戦への参戦により、外国からのオークの供給が止まり、しかも西洋由来と考えられるものへの反感が高まった。

ミズナラはウイスキーに独特な一連の風味を与える。バニリン（フェノール性アルデヒド）を非常に多く含む木材であり、やわらかく多孔質で、ミズナラで作られた樽は繊細で壊れやすく、漏れのリスクもある。他のメーカーのディスティラーと同様、サントリーとニッカもシェリーとバーボンのオーク樽を主に使っているが、一部の原酒はミズナラの樽で熟成する。日本のメーカーは、日本のウイスキーのユニークな個性に対する世界的な興味の高まりにも応えている。古い日本のウイスキーにキノコのような味を指摘するコメンテーターもいて、時に誤ってこれが「ウマミ」と表現されることもある。フルーティーでスパイシー、ほとんどお香を思わせるようなミズナラの風味が言及されることも多い。ミズナラはウイスキーの仕上げに用いられることもあり、サントリーはミズナラを実験的に取り入れ、2014年に山崎の12年物の一部を「山崎ミズナラ2014」として発売した。2015年にはアイラ島のボウモアにミズナラの樽を3つ輸出し、ピート風味のスコッチをその中で熟成させ、すばらしいウイスキーを造り出した。

▶ ミズナラに由来する風味については、このほかハチミツ、リンゴ、ナシ、ナツメグ、クローブなどの表現が使われる。

樽が以前何回使われたか

シェリーに使われていた樽に初めてモルト原酒を入れてウイスキーを造った場合、2回目、3回目にその樽を使う場合に比べて原酒に対する影響はより大きい。

樽の大きさ

アメリカのバーボンの樽と、ポートパイプ（ポートワインの樽）、シェリーバット（シェリーの樽）とでは、大きさがかなり異なる。このことが重要なのは、原酒が木と接触する度合いが大きいと、できあがるウイスキーに与える影響が大きくなるからだ。同じ理由で、小型のクオーターカスクを用いれば熟成が促進される。

気温

気温が高ければ高いほど、樽の中の化学反応は促進される。さらに、非常に低温だったり高温だったりすれば、やはり影響がある。インドのアムルット蒸溜所が8年熟成させた「グリーディ・エンジェルズ（欲張りな天使）」を造った時、原酒の4分の3は蒸発で失われた（蒸発した原酒が「天使の分け前」と呼ばれることに由来する命名）。しかし、このウイスキーには、25年未満のスコッチシングルモルトにはないすばらしい「ランシオ香」がある。

湿度

空気中の湿度は、熟成の間に樽から水分が奪われてウイスキーのアルコール度数が高くなるかどうかを左右する。ケンタッキーのバーボンの蒸溜所の高層階ではアルコール度数が高くなり、スコットランドでは水分が残るので、時が経つとウイスキー原酒のアルコール度数が低くなる。

技術革新

ウイスキーのメーカーは、上記のすべてを含むさまざまな要素について工夫を重ねてきた。これから見ていくように、日本はウイスキー造りに独自のアプローチをしている。メーカーの中にはさらに一歩進めて、違った乾燥の方法を用いたり、オーク以外の木材の樽を使ったりしている。日本独特のオークなど、さまざまな木材で実験が行われてきた。

さらに、蒸溜過程でも、カフェスチルやコンティニュアススチルと呼ばれ、通常グレーンウイスキーを造るのに用いられる種類のスチルで、シングルモルトを造る実験が行わ

左上 新しい樽が、中身を詰められて熟成のための倉庫に貯蔵されるのを待っている　**左下** 冬の低温など、季節による気温の大きな変動は、熟成の過程を早めることがある　**下** 樽が積み上げられたウイスキーの熟成用倉庫。樽木がウイスキーに風味を付加する
次ページ 熟成に使われるウイスキーの樽。樽は熟成に使われる前に、焼いて焦がされることが多い

れている。この過程により、ポットスチルからできるのとは違うタイプのスピリッツができる。沸騰させるのではなく、高圧の蒸気を用いることで、水からアルコールを分離させるからだ。その結果、アルコール度数が強く、個性的な原酒ができる。

テイスティングノートを通して
ウイスキーを表現する

　上記の要因はすべて、ディスティラーによって加えられたのではない風味をシングルモルトウイスキーにもたらす。リンゴもシナモンも加えられないのに、こうした風味が自然に生まれ、そのおかげで変化に富んだすばらしいモルトウイスキーの世界を私たちは楽しむことができる。

　この本のテイスティングの章（112～137ページ）では、単純化されたフレイバーホイール（風味の円形図）を用いて、各ウイスキーの味わいを理解する助けとなるようにしている。ここで用いたピート、フルーツ、ウッド、スパイス、シェリーという見出しは、もちろん、非常に単純化された表現だ。たとえば、「フルーツ」はオレンジ、緑、赤などの色別に分類され、さらにそれぞれのフルーツに分けられるし、スパイスにもいろいろな種類がある。

　これらの見出しの中で、フルーツを除く4つが熟成の過程に関係する。

53

ブレンデッドモルトと
ブレンデッドウイスキー

Blended Malt and Blended Whisky

スコットランドと日本のシングルモルト造りの世界はよく似ているが、ブレンデッドモルトとブレンデッドウイスキーとなると、事情は大きく異なる。

ウイスキーには大きく分けて2つのスタイルがある。ブレンデッドモルトウイスキーは複数の蒸溜所のシングルモルトウイスキーをブレンドしたもので、ブレンデッドウイ

ブレンドする前のモルトウイスキーが数千種保管されている山崎蒸溜所のウイスキーライブラリー。さまざまなウイスキーを何十種類も組み合わせて、優れたブレンドが誕生する

上　山崎蒸溜所で、サントリーのチーフブレンダー輿水精一（こしみず・せいいち）が、ウイスキーのブレンディングをする
下　香りをかがれるのを待っているウイスキーのブレンド用サンプル

スキーは複数の蒸溜所のシングルモルトをブレンドし、さらにグレーンウイスキーを混ぜ合わせたものだ。これがスコッチでよく見られるスタイルであり、売り上げの9割を占める。日本では、この過程にひねりが見られる。

　シングルモルトウィスキーの定義において、「シングル」はウイスキーがひとつの蒸溜所だけで造られることを意味する。

　ひとつの樽でできたウイスキーが出荷されることもあるが、シングルモルトウイスキーはひとつの樽だけからできるウイスキーを指すわけではない。シングルモルトウイスキーは通常、大きさや種類、それに熟成期間の異なる数多くの樽の組み合わせで造られる。これがバッチの中でブレンドされ、それぞれのバッチはどれも同じ味に造られ、飲む人が気づくような差異は生まれない。

　山崎のシングルモルトは、「ラガヴーリン」と同じ方法でブレンドされる。しかし、ここで、既存の定義を問い直してみよう。グレーンウイスキーを加えると、ブレンデッドウイスキーができる。しかし、そのグレーンがシングルモルトと同じ蒸溜所で造られたものだとしたらどうなるだろうか。この場合も、やはりブレンデッドウイスキーには違いないが、ひとつの蒸溜所だけで造られていることから、シングルブレンデッドウイスキーと呼ぶこともできる。もしもひとつのグレーンとひとつのシングルモルトだけで造られているとしたら、ロンドンのコンパスボックスのようにダブルシングルと呼ぶことができるかもしれないが、コンパスボックスの登録商標なので、そうは呼べないかもしれない。これから見ていくように、日本はこうした定義の問題を数歩先まで先取りしている。

　良質のブレンドを造るには、ブレンダーはできる限り多くの異なる風味を必要とする。ブレンドは数十か所の蒸溜所のウイスキーから造られることもある。これを可能にするために、スコットランドの蒸溜所は原酒を交換しあう。スコットランドには100をゆうに超えるシングルモルトの蒸溜所があり、これがすばらしいブレンデッドウイスキーのプラットフォームとして、スコットランドが世界的な名声を誇るゆえんとなっている。

　日本の事情は異なり、会社どうしは国内市場において厳しいライバル関係にあることで有名だ。これが、日本が世

界的に成功している理由でもあり、ウイスキー業界も例外ではない。日本のウイスキー史上初の成功者となったサントリーとニッカは、当初から激しいライバル関係を築き、実質的にほとんど無関係に運営されてきた。両社とも、協力するという発想は持っていないし、ライバルを助ける可能性のある情報は積極的に公表せず、秘密のベールの陰にとどまることを好む。

奇跡が起こってこの状況が変化するとしても、この2社は日本のウイスキー生産をほぼ独占しており、それぞれに2つの蒸溜所しか持っていない。どうすればよいのだろう。こうした状況を解決するには2つの方法しかない。ひとつは外国からウイスキーを輸入することであり、もうひとつはかなり多種類のウイスキーを自社の既存の蒸溜所で造ることだ。サントリーとニッカはどちらも両方の方法を採用し、スコッチのシングルモルトを輸入してブレンドに使うとともに、ひとつ屋根の下で異なるスタイルのウイスキーを多種類生産できるように蒸溜所を設計してきた。

つまり、日本のウイスキーは、スコットランドの青写真を採用しつつ、日本人の舌に合うようにかなり故意的な変化を加えられてきた。このような変化が、偶然にも、西洋人の舌にも合うようなウイスキーを生み出して、世界のウイスキーコンクールで数多くの賞に輝いている。

メーカーの数が非常に少ないことを考えると、日本のウイスキーの幅広さは驚くべきことだ。巨大で丸々としたシェリーのしみ込んだ樽で熟成される、ピートの味が最高レベルのウイスキーから、まるでささやくように繊細でフローラルな、のどを優しく愛撫するような軽いウイスキーまで、そしてその間に位置するようなさまざまなスタイルをも網羅している。

次に、日本全国の主要なウイスキー蒸溜所を見ていく。実際にたずねたい人のための情報も載せる。日本の内外のバーやレストランで出会えるウイスキーを造っている蒸溜所は、ほぼすべて取り上げた。

蒸溜所ではウイスキーを外国から輸入するか、同じ蒸溜所で異なるスタイルのウイスキーを造り、日本独自のブレンディングの方法を発達させた

CHAPTER

3

THREE

第 ③ 章

日本の
ウイスキー蒸留所

The Whisky Distilleries of Japan

世界中のウイスキーが、陶酔状態ともいえる時を迎えている。日本だけではなく、アルゼンチン、台湾、イスラエル、イタリアといった、通常ウイスキーからは連想できないような国々もそこに含まれる。この業界の常として、新しい蒸溜所が小規模にスタートを切り、その建設と操業開始がひとしきり報道されると、上質のウイスキーにするために長年熟成させなくてはならないことから、しばらく沈黙が続く。ある国で、とあるウイスキーのメーカーがまるで潜水艦のように操業し、目に見えないところで日々仕事を重ね、ある日突然表面に浮上するということもありうるのだ。オーストラリアやスウェーデンで実際にこのような事態が起こった。日本ではまだこのような事態は起こっていないが、もしもそうなれば大評判になるだろう。今のところ登場したのは秩父。水面下で活動している1隻の潜水艦についての情報があるが、目撃情報はまばらで未確認のままだ。

なぜこのような状況になっているのだろうか。それは、おそらくすべてのディスティラーが直面していて、日本でとりわけ浮き彫りになっている問題のせいかもしれない。ウイスキーの熟成に必要とされる木の樽は地球上のどこでも希少だが、とりわけ東洋では入手が困難だ。そして、大麦は輸入する必要がある。適した場所が見つかったとしても土地を買う費用は莫大だ。秩父によってトレンドが生まれたとしても、長年熟成させた重厚なウイスキーが好まれる日本ではとりわけハードルが高い。秩父の若いウイスキーで市場に参入することに肥土伊知郎が成功したのは、熱狂的なファン層を作り出し、羽生や軽井沢の高級ウイスキーで実績を上げてきたからだ。ニッカとサントリーという巨大メーカー2社がウイスキーの世界をほぼ独占している状況で、市場にもぐり込み、ニッチな需要を掘り起こすのは非常に困難だ。しかし、ゆっくりと確実に、新しい蒸溜所は誕生しつつあり、2020年代半ばまでには、日本のウイスキーは新たな境地に達しているかもしれない。

日本の蒸溜所マップ
—

Map of Japan's Distilleries

蒸溜所を1、2か所訪れるために行くには、日本は遠すぎるという人が多いだろう。
そこで、この本では、蒸溜所を地元または近隣の都市にリンクさせ、
出かける人が他にも楽しめる場所や観光スポットを取り上げた。
このマップは、観光案内（262〜275ページ）で取り上げた日本の主な蒸溜所と都市を示している。

■ 蒸溜所（建設中も含む）

01 厚岸蒸溜所 ·········· P.64	06 羽生蒸溜所 ·········· P.92	11 山崎蒸溜所 ·········· P.82
02 余市蒸溜所 ·········· P.106	07 マルス信州蒸溜所 ········· P.94	12 ホワイトオーク蒸溜所 ····· P.102
03 宮城峡蒸溜所 ·········· P.96	08 白州蒸溜所 ·········· P.76	13 宮下酒造蒸溜所 ········· P.93
04 軽井沢蒸溜所 ·········· P.90	09 富士御殿場蒸溜所 ········· P.72	
05 秩父蒸溜所 ·········· P.66	10 静岡蒸溜所 ·········· P.100	

● 都市（6章と観光案内で紹介）

小樽 ·········· P.274	仙台 ·········· P.266	京都 ·········· P.179	岡山 ·········· P.270
札幌 ······ P.181, P.272	東京 ······ P.158, P.263	大阪 ······ P.176, P.268	福岡 ·········· P.180

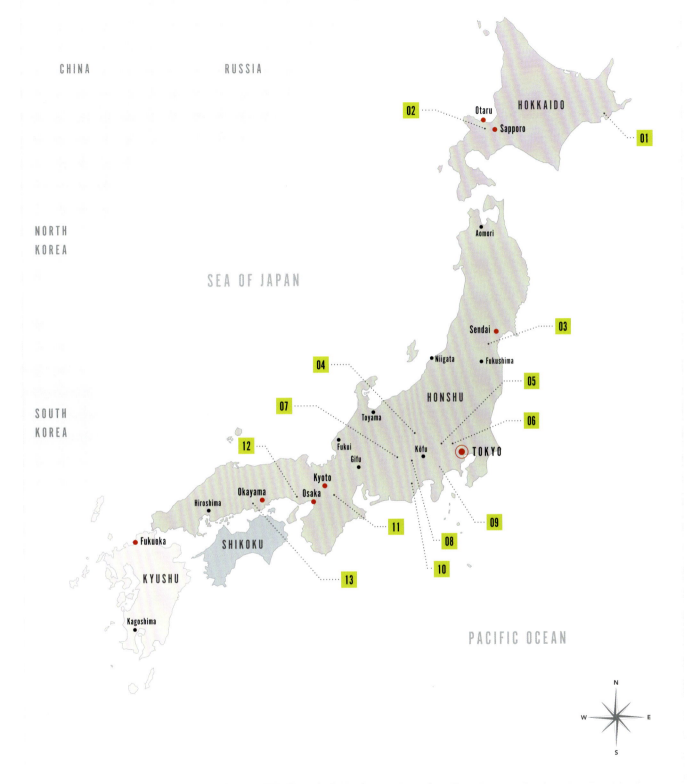

厚岸蒸溜所 Akkeshi Distillery

▶ 場所	北海道厚岸町
▶ オーナー	堅展実業株式会社
▶ 創業	2014年
▶ 生産量（予定）	30万リットル
▶ 主な製品	未発表
▶ ビジター施設	なし

実験用の熟成倉庫。この倉庫は地域の天候と地理的条件がウイスキーの熟成にもたらす影響を見極めるために建設された

　日本で最も新しい蒸溜所である厚岸は、この章の冒頭を飾るにふさわしい。本当にできたばかりなので、あと何年もしないと、ここで生産されるウイスキーを味わう機会はなさそうだ。

　ウイスキーの歴史は、蒸溜所の計画の失敗の歴史でもあり、ウイスキーの生産が軌道に乗るまでは、蒸溜所について語るのはリスクがつきまとう。しかし、厚岸蒸溜所を経営する堅展実業株式会社は、英語と日本語の両方で本格的なウェブサイトを立ち上げていて、その中で新しい蒸溜所に関する詳細な情報を公表している。厚岸は北海道の人里離れた沿岸地域にある。親会社は、スコットランドのピート風味のウイスキーの名産地、アイラ島に似ていることから、この場所を選んだ。潮気を含んだ霧が海から寄せてくるし、日本では珍しく多様なピートの湿地が見られる。当初、大麦は輸入品を使うが、地元で大麦を栽培するための土地を見つけ、さまざまな種類のピートで実験を行ってアイラ島のスタイルのウイスキーを造ることを計画している。厚岸ならではの個性を見つけることにも期待を寄せている。

　蒸溜所では、スコットランドのフォーサイス社が建設したポットスチルを2台使い、将来的には年間30万リットルの生産量を予定している。特別な工程によって、地盤のやわらかい湿地帯の土地に蒸溜所が建設された。蒸溜所は蒸溜棟と事務所の2棟だけで構成される。生産のため、他の2つの蒸溜所からスピリッツを買い付け、熟成の期間で実験を行っている。厚岸では冬は気温が零下20度まで低下し、夏の最高気温は20度台前半に達するので、気温の変動は激しいといえる。実験によれば、熟成は比較的早く進むとみられる。

　「私たちの揺るぎない信念のひとつは、スコットランド伝統の蒸溜方法を守ることです」と述べるのは、堅展実業の代表取締役社長の樋田恵一。「同時に、厚岸蒸溜所ならではのウイスキーを造ることを目指しています」とも述べる。

　「私は若い頃からウイスキーが大好きで、さまざまな異なるタイプの蒸溜所のウイスキーを味わってきました。いつの日か自分自身の手でウイスキーを造ってみたい。そんな夢を見るようになったのです。アイラ島のモルトのようなウイスキーになるだろうと考えています。できあがった厚岸のウイスキーを飲むのを、私ほど楽しみにしている人間はいないでしょう。幅広いウイスキー愛好家の方たちに喜んでいただけるものができると思います」

　厚岸蒸溜所では、カキやチーズをはじめとする地元の特産品によく合うウイスキーを造ることも目指している。

実験用の熟成倉庫の中では、2013年からさまざまな大きさの15のウイスキー樽の熟成が進んでいる

秩父蒸溜所 *Chichibu Distillery*

右 秩父では、コニャックやラムをはじめとするさまざまな蒸留酒を入れていた樽が使われている

- 場所　　　埼玉県秩父市
- オーナー　ベンチャーウイスキー
- 創業　　　2004年
- 生産量　　8万リットル
- 主な製品　フロアーモルテッド3年／
　　　　　　秩父ポートパイプ／
　　　　　　秩父ピーテッド
- ビジター施設　予約により見学ツアー可能

　日本のウイスキーがテレビの連続ドラマだとしたら、秩父蒸溜所とその創業者の肥土伊知郎のストーリーは、視聴者の心をつかみ、次回が観たくてたまらないという気持ちにさせたであろうセンセーショナルな逸話だ。肥土は、過去100年にわたってサントリーとニッカがほぼ独占してきた日本のウイスキー産業の一枚岩的な状況に、対照的なイノベーションと健康的な新風を巻き起こした。

　秩父蒸溜所は非常に小規模だが、短い間に国内のウイスキー産業を揺るがし、新しい考え方やアイデアを日本のウイスキー業界に取り入れるという大きな賭けに成功した。その結果、肥土伊知郎のサインさえあれば（そして肥土はさまざまなプロジェクトの責任者を務めている）、大変な人気を呼び、収集価値も高い。

　肥土は400年におよぶ長い酒造の歴史を持つ蔵元の出身だ。その歴史の大部分において日本酒と焼酎を造ってきたこの蔵元は、1980年代に羽生でウイスキーの蒸溜を始めたが、ウイスキー市場の衰退のため20年足らずで蒸溜所は閉鎖された。肥土は羽生にあった400樽ほどを救うことに成功し、2000年代になってから定期的に発売し、とくにカードシリーズは大人気だった。それぞれにトランプのラベルがあしらわれていて、数字が大きくなるほど古い樽であることを示す。

　肥土の本当の願いは再びウイスキーを造ることで、2008年には秩父蒸溜所でモルト原酒も生産し始めた。

秩父蒸溜所が最初に発売したウイスキー「ザ・ファースト」。3年の熟成を経て、2011年に発売された。4章でも取り上げる（114ページ）

> 私のウイスキーが世界のみなさんに喜ばれていることに、わくわくしています。
> 自分にできる限りの最高のシングルモルトを、これからも造り続けるつもりです。
> 私のウイスキー造りがみなさんに気に入っていただける限り、私は楽観的です

——— 肥土伊知郎

秩父蒸溜所の製品は高級ウイスキーとして称賛を集めるようになった。2011年以降、さまざまなスタイルが発売されている。いずれも「イチローズモルト」のシリーズ名がつけられ、しっかりとしたピート風味のウイスキーと、軽いフルーティーなウイスキーがある。さらに、モルト＆グレーンウイスキーも1種発売している。これらのウイスキーはすべて、幅広い専門家から高い評価が寄せられ、人気の高まりを受けて、蒸溜所は2015年までに拡張された。秩父蒸溜所の製造過程は、一般的な蒸溜所に比べて、ていねいな手作業の度合いが高い。肥土と熱意に満ちた若者たちの小規模な

チームがすべての段階に手をかけており、テクノロジーには頼っていない。使われた穀物から水気を切る前に、マッシュは手作業でかき混ぜられる。バッチごとにテイスティングを行って、ウイスキー造りのために使うかどうかを決める。

小さな規模にもかかわらず、秩父は幅広いスタイルのウイスキーが造れることを示してきた。蒸溜所では3つの異なる蒸溜液が造られ、原酒の熟成には、一般によく用いられるバーボン樽のほかに、コニャック、ラム、マデイラを入れていた樽も採用されている。

肥土の長期的なねらいは、100％国産のウイスキー

秩父蒸溜所でイチローズモルトの検品が行われる様子

を造ることだ。秩父は本当の意味でのクラフト蒸溜所を目指し、日本では珍しい穀物である原料の大麦について、地元産の割合を年々増やしている。さらに、自社で栽培した大麦の一部をピートで乾燥させる作業も行っている。蒸溜所は樽工場も持っていて、多くの樽がクオーター（4分の1）サイズだ。バーボン樽が入手困難になったことから、ミズナラも導入。秩父が独自のスタイルを確立できるかどうかはわからないと肥土は述べるが、さまざまなスタイルのウイスキー造りを探究したいと考えていることは明らかだ。

「蒸溜所を始めるにあたり、柔軟でありたいと思いました」と彼は言う。「私のウイスキーが世界のみなさんに喜ばれていることに、わくわくしています。自分にできる限りの最高のシングルモルトを、これからも造り続けるつもりです。私のウイスキー造りがみなさんに気に入っていただける限り、私は楽観的です」

未来がどうであれ、肥土は長期的な展望を抱いていて、時が来たら秩父の20年物をボトリングすることを目指している。需要があるにもかかわらず、その誘惑に抵抗して、在庫をすべて出荷することを避けなくてはならない。いずれにしても、肥土はすでにさまざまな障害を乗り越え、増え続ける日本のウイスキーのファンに向けて、新しくエキサイティングな製品を提供している。

秩父蒸溜所では、本当の意味でクラフトといえるローテクなウイスキー造りが行われている

INTERVIEW

肥土伊知郎 *Ichiro Akuto*

秩父蒸溜所　創業者・オーナー

——

日本のウイスキー愛好家のニューウェーブが熱狂する異端の英雄

　日本のウイスキー界のパイオニアである肥土伊知郎は、日本の新しいディスティラーの未来は、高品質を追求する限り明るいと信じている。思い切って自分自身の蒸溜所を設立することを決意した時、日本のウイスキーが世界のウイスキーの目利きたちに愛されるようになるとも、自分が日本のウイスキー愛好家のニューウェーブが熱狂する異端の英雄になるとも、想像すらしていなかった。肥土は、日本酒造りなどで17世紀までさかのぼる歴史を持つ蔵元の出身だ。羽生蒸溜所のオーナーだった肥土の父、肥土豊は、1980年代にウイスキー造りを始めた。

　「1980年代、羽生蒸溜所には伝統的なポットスチルが設置されて、伝統的なスコットランドの製法でウイスキー造りが行われました」と肥土は語る。「ところが時代の変化で、人々はシングルモルトをストレートで楽しむのではなく、ウイスキーの個性を際立たせない水割りを好むようになったのです。1990年代後半は、経営が芳しくありませんでした。日本酒造りがとりわけ経営難で、悲しいことに、父は2004年に会社を売却しました。さらに悪いことが重なり、新しいオーナーはウイスキーには興味がなく、羽生蒸溜所の在庫を破棄しようとしました。

　そこで私は会社を出て、自分自身でウイスキーのメーカーを設立することを決意しました。羽生蒸溜所の樽を置いてくれるよう、数多くの会社に頼み込みましたが、なかなか見つかりません。ようやく、笹の川酒造の山口さんが願いを聞いて助けてくれました。羽生蒸溜所の在庫はいつか完売することはわかっていましたから、未来の世代に何かを残さなくてはと思うようになり、それで秩父蒸溜所を2008年に設立しました。でも、日本のウイスキーに対する興味が急上昇したのには大変驚きました。秩父蒸溜所を創業した時には、現在の状況を全く予想していませんでした。私たち日本人が造るウイスキーが数多くの人たちに受け入れられていることをうれしく思いますし、投資のために買うだけではなく、味わって楽しんでほしいと思います」

　秩父の最初のウイスキーが発売されると非常に高い評価を受けて、日本のウイスキーの評判を打ち立てた熟成期間の長い希少なシングルモルトに比べてはるかに若いウイスキーであるにもかかわらず、高級ウイスキーとして受け入れられた。では秩父のウイスキーは、なぜ特別なのだろうか。

　「第一に、秩父の環境のおかげだと思います」と肥土は言う。「夏は酷暑になり、冬は厳しい寒さに見舞われます。ウイスキーの熟成はその場所の自然に大きな影響を受けると私は考えています。正直なところ、私たちがやっているのは、他の数多くの蒸溜所が採用してきたのと同じ伝統的な製法を試すことだけなのです。フロアーモルティングへの挑戦、自社の樽工場の設置などもそうです。でももちろん、ウイスキー造りにかける情熱こそが、私たちのウイスキーを特別なものにしています。実のところ、私たちは一日中ウイスキー

のことばかり考えているのです」
　品質へのこだわりこそが、未来を確実なものにする。肥土は、新しいディスティラーが近道をしようと品質で妥協するようなことがないようにと願っている。
「新しい蒸溜所ができるのは、もちろんいいことです」と彼は言う。「ウイスキーに興味を持つ人がここまで増えたのはすばらしいこと、順調に進んで、みんなで力を合わせて日本のウイスキーというブランドを確立できればと願っています。だから、私は新しい同業者に進んで協力します。日本のウイスキーが、品質本位のブランドとして確立されなくてはなりません」
　日本のウイスキーは不足気味だが、未来は明るいと信じているのだろうか。
「そう信じています。日本のウイスキーは今日高い評価を受けていますが、品質向上に向けた探究をやめてもいいというわけではありません。未来の世代のために努力を続けています。ウイスキー造りのビジネスはそうでなくてはならないのです」

富士御殿場蒸溜所

Fuji Gotemba Distillery

▶ 場所	静岡県御殿場市
▶ オーナー	キリン
▶ 創業	1973年
▶ 生産量	200万リットル
▶ 主な製品	シングルモルト18年、シングルグレーン25年、富士山麓
▶ ビジター施設	見学ツアー、試飲、ショップ

海抜620メートル、富士山の絶景が望める場所にある富士御殿場蒸溜所

高級モルトウイスキーの熟成には何年もの月日が必要であることから、ニッカとサントリーは2020年代までの長期的な在庫不足という事態に直面している。新しい蒸溜所が市場に参入するにはさまざまな障害があることから、新しいメーカーが不足分を補える可能性は低い。したがって、今こそ、キリンが所有する富士御殿場のような既存の蒸溜所が大きな役割を果たす。

モルトとグレーンウイスキーの双方を造っているこの蒸溜所は、日本のウイスキーへの興味が高まっている時流にうまく乗れないでいる。もともとは、大手の飲料メーカー2社、キリンとシーグラムの合弁で1973年に設立され、2002年にキリンが全経営権を獲得した。

しかし、日本の他のウイスキーメーカーが国際市場に目を向け始め、しかもキリンはケンタッキーのバーボンブランド、フォアローゼズの経営権を持っていることから北米のマーケットに直接の経路を持っていたのにもかかわらず、同社は国内市場に専念し、しかも大部分は廉価なウイスキーを求める消費者をターゲットにしていた。

とはいえ、市場は変わるかもしれない。日本のウイスキーのブログ「Nonjatta」は、キリンが将来的に「富士御殿場」を再び発売する意向を明らかにしたと伝えている。蒸溜所そのものが大規模な「即売所」であり、グレーンウイスキーとモルトウイスキーの両方を生産している変わり種で、大規模な敷地に瓶詰工場と見学者用の施設を併設している。

蒸溜所があるのは富士山のふもとで、御殿場に至る幹線道路に近い木々の間にある。盆地は夏には蒸し暑くなりがちだが、蒸溜所があるのは海抜620メートルの地点なので、気温は常に比較的低い。

ポットスチルやケトル、それにさまざまなコラムスチルで蒸溜が行われ、国内の他の蒸溜所と同様、幅広いタイプのスピリッツを造っている。フォアローゼズとの関係があることから想像できるように、原酒はバーボン樽で熟成される。

蒸溜所は見学者を受け入れているが、事前に電話で確認するよう勧めている。英語が多少できる人もいて、見学者は既定のルートで、ガラス越しにウイスキー製造の様子を見ながら自由にまわることができる。生産過程を説明するポスターがルートに沿って表示されている。

富士御殿場のシングルモルトは、「富士御殿場」と「富士山麓」の2つの名前で売られていて、両方とも18年物のモルトウイスキーだ。グレーンウイスキーも売られているが、希少であり、出会える可能性は少ない。モルトは甘口でやわらかく飲みやすい。

「富士御殿場シングルモルト17年」。「富士御殿場」は再発売が予定されている

INTERVIEW

田中城太 *Jota Tanaka*

富士御殿場蒸溜所　チーフブレンダー

———

日本のために高級ウイスキーを造るトップリーダーのひとり

　日本のウイスキーに関する興味は、2大メーカーで
あるニッカとサントリー、もしくは秩父蒸溜所など革
新的な努力をしている小規模の蒸溜所に集中していて、
そのほかの少数のメーカーはほとんど知られていない。
それは、日本の国内市場にターゲットを絞る傾向があ
るからだ。しかし、世界中で日本のウイスキーに対す
る需要がこれだけ高まっている現在、状況は変わりつ
つある。輸出を確実に視野に入れている企業のひとつ
が、富士山のふもとにある富士御殿場蒸溜所を所有す
るキリンだ。チーフブレンダーの田中城太によれば、
この場所が選ばれた理由は3つある。

　「まず、蒸溜所は御殿場市にあり、富士山のふもとの
海抜620メートルの地点に位置します」と田中は説明
する。「平均気温が約13度と涼しく、年間を通して湿度
が高いため、ウイスキーを熟成するのに理想的です。
次に、富士山の地下水脈から採取した天然水をウイス
キー造りに用いています。極めてきれいな軟水で、50
年以上をかけ、富士山の溶岩を抜けて濾過されていま
す。さらに、日本の中央にありますから、日本全国へ
の流通にも好条件です」

　キリンのウイスキー生産の歴史は1973年にさかの

ぼり、当初はシーバス・ブラザーズとの提携事業であ
るキリンシーグラムとして、その後は自社で、ウイス
キーを造ってきた。蒸溜所の操業内容は日本の他の蒸
溜所の例にもれず、多様なスタイルのシングルモルト
ウイスキーに加え、ライト、ミディアム、ヘビーの3タ
イプのグレーンウイスキーを造ることができる。

　しかし、そこで造られるウイスキーは、日本の他の
蒸溜所の製品とは少し異なる。「私たちのウイスキー
は、品質基準として『澄んだ味わいの中に広がる樽熟
香』を追求しています」と田中は言う。「なめらかで、
豊かな果実香に、甘さのノートも感じられます」

　「常に変わらない私たちの目標は、最新のテクノロ
ジーと設備、それにスコットランドだけではなくアメ
リカやカナダも含むウイスキー業界で編み出された最
高のノウハウを使い、日本のお客様が楽しめる品質の
良いウイスキーを生産すること。私たちは幅広いバラ
エティーのウイスキーを造り続けてきました」

　蒸溜所では、グレーンウイスキーとシングルモルト
ウイスキーを合わせて23万8,500リットル生産してい
ると推定され、そのほとんどが国内市場で消費される。
しかし、この状況は変化の途上にある。日本のウイス

キーは、今後も需要の高い状態が続くのだろうか。
「日本国内も含めて、世界中の人たちが日本のウイスキーのおいしさを発見しました」と田中は言う。「今起こっているブームは、目新しいものを求める気持ちと、希少になっていることが理由かもしれません。この勢いを保ち、日本のウイスキーをひとつのカテゴリーとして確立させるには、私たちウイスキー生産者が責任を持って本物の製品を提供し続けるという姿勢を見せなくてはなりません。将来も山あり谷ありだと思います。でも長期的には、日本のウイスキーの未来は非常に明るいと、キリンは信じています」

白州蒸溜所で、ポットスチルの前に立つ小野武所長

白州蒸溜所 *Hakushu Distillery*

▶ 場所	山梨県北杜市
▶ オーナー	サントリー
▶ 創業	1973年
▶ 生産量	400万リットル
▶ 主な製品	白州NAS（年数表示なし）／12年／18年／25年／ヘビリーピーテッド
▶ ビジター施設	見学ツアー、試飲、博物館、レストラン、ショップ

　白州蒸溜所は、世界に誇れる美しい環境にあり、野鳥のサンクチュアリと自然保護区を敷地内にもっている。オーナーのサントリーは、緑あふれる広大な敷地内でビジターにバードウォッチングの機会を提供していて、さまざまな種類の希少な野鳥を見ることができる。散策できる歩道も整備されていて、ここを歩くのはとても気分がいい。白州はサントリー第2の蒸溜所で、蒸溜所の敷地も施設も巨大だ。倉庫は山々や森林の広がる風景に配置され、テクノロジーを駆使した生産と自然の美が見事に共存している。

　白州は新幹線を使うと東京から2時間半の場所にある。南アルプスの山間にあり、日本でも標高が高い蒸溜所だ。1970年代に創業した比較的新しい蒸溜所で、1983年に全面的に改築された。主な役割は、ビジネスパーソンの間に見られるブレンデッドウイスキーの安定した需要に応えることだ。ブレンデッドウイスキーの「サントリーローヤル」は、売り上げ世界一を記録したことがあり、その時は日本国内だけで1,500万ケースが売れた。

　ピーク時には白州は年間3,000万リットルのウイスキーを生産し、しばらくの間、世界最大の蒸溜所だった。しかし、ブレンデッドウイスキーの人気はやがて下火となった。1990年代までにブームは終わり、生産量は削減された。

　白州は2つの蒸溜所が1つになった場所で、東西の施設が橋でつながれている。西側の施設は1990年代の需要落ち込

みの際に生産を止めたが、東側の施設は2015年、日本のシングルモルトと、ブレンデッドウイスキーの「響」の人気上昇を受けて拡張した。倉庫には樽が多数眠り、敷地内に点在する倉庫全体で50万個近くに達する。白州が選ばれた理由は、東京への近さと、やわらかく、モルト原酒の蒸溜に適している水質だ。サントリーは水を瓶詰めして販売しており、日本で最も売れているミネラルウォーターとなっている。希望すれば、蒸溜所の見学も、ミネラルウォーター工場の見学も可能だ。

白州は蒸溜所として非常に充実した施設がある。原酒の風味は蒸溜で決まる部分が大きい。スチルの大きさと形、ラインアームの角度が、原酒の質を決める。だからこそ、さまざまな形と大きさのスチルがそろえられていて、ディスティラーは無数の組み合わせによって、さまざまな個性の原酒を造る。さらに、使われている原料の大麦の種類もさまざまで、熟成は多種の樽で行われ、非常にバラエティに富んだ原酒を生み出すことが可能だ。2010年にはコラムスチルが導入され、グレーンウイスキーも造られるようになった。

白州蒸溜所には、一流のレストランのほか、国産はもちろん、世界中にラインナップが広がりつつあるサントリー

シングルモルトウイスキー白州の製品ラインナップには、10年、12年、18年、25年、シェリーカスク、ヘビリーピーテッドなどがある

> もしも白州を色で表現するとしたら、
> 蒸溜所のある緑豊かな
> 風景と同じ緑であり、
> 白州のボトルと同じ緑だ

蒸溜所の中には、ありとあらゆる形と大きさのスチルがどっしりと置かれている

白州蒸溜所の構内には、レストラン、幅広いウイスキーを常備するバー、それにサントリーの社史を紹介する博物館がある

白州は美しい自然に恵まれている。ここの清らかな水は、サントリーが瓶詰めして販売しており、日本で一番売れているミネラルウォーターだ

シングルモルトウイスキー白州。ヘビリーピーテッドやハチミツのノートの製品もあるが、全般にフレッシュでクリーン、フルーティーなウイスキーだ

ウイスキーが全種類楽しめるバーがある。また3フロアにわたる本格的な博物館では、ウイスキーの製法とその背景にある科学を解説し、世界のウイスキーを紹介し、日本のウイスキー造りの歴史をサントリーの視点で説明している。また、イングランドのバーとパリのカフェ、それに1950年代末から1960年代初頭にかけて、日本のサラリーマンたちがサントリーのブレンデッドウイスキーを飲みに行った「トリスバー」の再現展示もある。展望台からは蒸溜所全体と自然保護区のすばらしい眺めを望むことができ、テイスティングルームでは珍しいウイスキーの数々をそろえていて、日本のウイスキーを愛する人たちにもまだ知られていない世界を理解するのに役立つ。

シングルモルトウイスキー白州は、ヘビリーピーテッドや、バーボン樽で熟成されることからバニラとハチミツの豊かなノート（香調）が特徴のバージョンもあるが、全般的にはフレッシュでクリーン、フルーティーなウイスキーだ。もしも白州を色で表現するとしたら、蒸溜所のある緑豊かな風景の緑であり、白州のボトルと同じ緑だ。

山崎蒸溜所 *Yamazaki Distillery*

- ▶ 場所　　　　大阪府島本町
- ▶ オーナー　　サントリー
- ▶ 創業　　　　1923年
- ▶ 生産量　　　700万リットル
- ▶ 主な製品　　山崎NAS／12年／18年／25年、いずれも限定版の山崎バーボンバレル／山崎ミズナラ／山崎シェリーカスク
- ▶ ビジター施設　見学ツアー（日本語・英語）、博物館、ウイスキーライブラリー、珍しい製品のショップ

　日本最古のウイスキー専門の蒸溜所は、日本のウイスキーの近代史が始まった場所であり、サントリーの拡大し続ける帝国の中心として特別な意味を持つ。ここ山崎で、鳥井信治郎は本物の日本のシングルモルトウイスキーを造りはじめ、竹鶴政孝は鳥井とともに働いてサントリーの初期のウイスキーを造った。竹鶴がスコットランド留学中に学んだスコットランドのウイスキー造りのお手本に忠実であると同時に、それを日本人の舌に合うように発展させるための最初の試みが行われたのもここだ。

　スチルルームを一見しただけでは、日本のウイスキーがスコッチのシングルモルトのレプリカであるというのがかなり大雑把な言い方で、実際には全く別物であるという事実を理解するのは難しい。山崎で公開されている蒸溜のシステムについて少しでも理解したいなら、複雑で手の込んだ日本ならではのウイスキーを造るために、数百のニュアンスと高度な技術が注ぎ込まれていることを認識するところから始める必要がある。

　山崎は大型で近代的な蒸溜所だが、質の高いウイスキー

樽の管理の様子。何十億ドルにもあたる資金の投資により、山崎蒸溜所の施設は改良を重ねてきた

山崎で最も高価な部類の樽を見せるサントリーの辻宏満。蒸溜所の樽はおよそ100万個に達する

スピリットスチル8号。蒸溜所には、さまざまなタイプのスチルが計16台ある

左 45リットルの樽に、大麦ベースのシングルモルトウイスキーを注ぐ
下 山崎蒸溜所は理想的なロケーションにある。山に囲まれ、空気中の湿気により、ウイスキーはじっくり時間をかけて熟成される

希少な「山崎1979年」。ミズナラの樽で29年間熟成させたウイスキーで、シナモンの風味とかすかなパイナップルとモモのノートが特徴的

を造るために決して手抜きはされない。質と量を両立させることが完璧に可能だということを示した蒸溜所をひとつ挙げるとしたら、山崎をおいてほかにない。正確な生産量は明らかではないが、700万リットル前後と考えられる。山崎は大阪と京都を結ぶ古い街道のそばに位置し、アクセスが容易で、大阪、京都はもちろん東京からも行きやすい。3本の川が合流する地点にあたり、水が豊富で、交通網が発達しており、夏は高温多湿で冬は寒くなるため気候も理想的だ。

　山崎は、日本の蒸溜所の複雑な性質が見られる典型的な例だ。何年にもわたり、建て直しと改築が行われ、2005年には新しいスチルを導入し、製造方法を変えて設備を新しくするために数百万ドルが使われた。蒸溜所には今では16のスチルがあり、すべて形や大きさが異なり、石炭で焚くものや蒸気を使うものがあり、それにラインアームの角度も

山崎蒸溜所の壮観なウイスキーライブ
ラリーに並ぶサンプルの一部

さまざまだ。幅広い菌種の酵母、それに大きさが異なるだけではなく過去にさまざまな用途に使われていた樽が用意され、生産チームは異なるタイプの原酒を造り出すことができる。多種のコンデンサーやワームタブ、発酵時間、ランの長さ、カットのとり方、ウォッシュを造る際に用いるピートで乾燥させた大麦の量など、他の変動する要素を考え合わせると、このような蒸溜所の複雑さが想像できるだろう。

　この蒸溜所は静かな地域にあり、歴史の長い伝統を持つこととは対照的に、非常に洗練されている。蒸溜所が放つ穏やかさと自信に満ちた雰囲気の一方で、水面下では数多くの人たちが懸命に、モルトをもとにウイスキー造りの各工程に励んでいる様子が想像される。世界的な需要に追いつくための供給が非常に困難になっている現在、質で妥協してアクセルを踏みたくなる誘惑が大きくなりそうだが、ここでは実際にはそのようなことはない。受賞歴はますます充実し、「山崎ミズナラ」などの限定版は飛ぶように売れ、2015年の『ジム・マレーのウイスキー・バイブル（Jim Murray's Whisky Bible）』はやはり限定版の「山崎シェリーカスク」をワールド・ウイスキー・オブ・ザ・イヤーに認定した。

　サントリーが将来的にも期待に応え続けることができるかどうかはわからないが、従来よりもずっと若い世代が、ブレンデッドウイスキーの「響」や、またハイボールによって、「山崎」を発見し始めていることは確かだ。さらに、和食やアジアのフュージョン料理と合わせることを提案する宣伝攻略により、供給不足の問題はすぐには解決しそうにない。

　ウイスキーの質が高いレベルを保っているように、ビジター施設のレベルも高い。サントリーは中途半端なことはしない企業で、見学者たちはすばらしい体験ができる。1時間ほどの見学ツアーは無料で、最後に山崎の試飲が楽しめる。案内は日本語で行われるが、ヘッドホンでは英語、中国語、フランス語の翻訳が聞ける。数千のボトルを常備するウイスキーライブラリーがあり、博物館では、使われなくなったスチルや発酵槽、鳥井信治郎が使っていた机などの展示品が公開されている。テイスティングカウンターでは、蒸溜所の限定ボトルも含む100種を超えるウイスキーの試飲が低料金で楽しめる。

INTERVIEW

福與伸二
Shinji Fukuyo

サントリー白州蒸溜所・山崎蒸溜所のチーフブレンダー

――――

偉大な風味の表現と、完璧なウイスキーの追求

福與伸二は1984年にサントリーに入社し、2009年にチーフブレンダーになった。目標をたずねると、完璧さを追求することだと答える。

「さまざまなウイスキーを開発し、ブレンドすることが私の仕事です。なかでも『山崎12年』『山崎18年』『白州18年』『響21年』は数多くの国際コンクールで金賞を受賞してきました」と、彼は語る。「『山崎50年』『山崎1984』など、もっと長い間熟成させたウイスキーも造っています。チーフブレンダーとしての私の責任には、サントリーウイスキー全製品の品質水準の維持、新製品の開発、ブレンドしていないモルトウイスキーの質の向上、それにチームのマネージメントや、在庫製品の質と量のコントロールも含まれます。最初のウイスキー蒸溜所を設立して以来、サントリーは製品の質を劇的に向上させてきました。幅広い好みの人たち、そしてウイスキー愛好家の方々に楽しんでいただけるウイスキーを造ろうと、日々努力しています。サントリーは近年、製品の高い質が認められ、ますます人気を集めています。将来も需要は増えると見込まれていることから、高品質の製品を市場に安定供給できるように、すでに数多くの手段を講じています」

福與伸二は1961年、愛知県生まれ、名古屋大学農学部農芸化学科卒業。1984年にサントリーに入社し、当初は白州蒸溜所に勤務した。1992年、山崎蒸溜所のブレンダー室に移る。1996年、スコットランドに渡り、エジンバラのヘリオットワット大学に留学、グラスゴーのモリソンボウモア・ディスティラーズに勤務した。2002年、日本に帰国、2003年にヘッドブレンダー、2009年にチーフブレンダーとなる。そのキャリアは日本のウイスキーが海外にはばたくようになった時期と重なり、その現象は彼によれば高い品質のおかげにほかならない。

「日本のウイスキーは、複雑で繊細な味わいが特徴です」と、彼は言う。「主な要素は、大きく自然または人間にかかわるものに分けられます。自然の要素を考えると、繊細な原酒はクリーンでピュアな日本の水で造られ、ウイスキーが深く複雑な味わいに熟成するのは、大きく変わる四季と温暖な気候のおかげです。ブレンドしていないモルトウイスキー造りから、熟成させた特徴ある原酒の入念なブレンディングまで、日本人はウイスキー造りの細かい点にもこだわりを貫き、各過程を厳しく監視し、一定した高い品質を実現します。サントリーでは、日本人の舌に合うさまざまなウイスキーを、日本独自の『ウイスキーと水』の文化に従って造ってきました」

福與は、サントリーウイスキーを特徴づける主な要素は3つあると考えている。日本の蒸溜所の自然環境、ひとつの蒸溜所で多様なタイプのウイスキーを生産すること、そして同社のブレンダーのクラフトマンシップと熟練の技術である。

「自然という言葉で、私はとりわけ水と気候のことを指しています」と、彼は言う。「日本のピュアな水は、上質で繊細な原酒を造るのに役立ちます。日本の四季はそれぞれに異なる気候をもたらし、気温の変化によって、ウイスキーは非常に複雑で深い味わいになります。生産については、私たちはウォッシュバック、ポットスチル、樽をそれぞれ何種類も使っているので、さまざまなタイプのウイスキーを造ることができます。スコットランドでは一般的に、ひとつの蒸溜所は1種類のウイスキーだけを造り、それを他の蒸溜所と交換し合います。日本では、数軒しか蒸溜所がないので、ひとつの蒸溜所で数多くのタイプの種類を造り出すことが求められるのです。そして、サントリーのブレンダーたちの高い技術は、マッシング、発酵、蒸溜、そして樽詰めから、熟成、ブレンディング、瓶詰めまで、ウイスキー造りの全過程に行き渡ります」

福與の考えでは、日本のウイスキーへの興味の高まりは、長年の努力、イノベーション、それに常に最高の品質水準を維持する姿勢が報われたものだ。年数表示なしの「響ジャパニーズハーモニー」などの製品が、日本の評判を次世代にも伝えていることを、福與はとりわけうれしく思っている。もっと多くの蒸溜所が、日本のウイスキーをさらに普及させることを願っている。

「長年の間、私は日本の消費者のためにサントリーの製品の質を上げることに尽力してきましたが、今ではその成果が世界中で認められていると感じています」と彼は語る。「『響ジャパニーズハーモニー』は、世界で高まる日本のウイスキー人気に応えるために発売されました。非常に評判がよく、その人気は高まる一方です。私たちはウイスキーの世界でイノベーションを続け、すべての人に愛されるすばらしい味の表現を発展させていきたいと考えています。日本で蒸溜所の数が増えていることは、良いことに違いないと信じています。フレンドリーなライバル関係によって、高品質のウイスキーを生み出し、日本のウイスキーの評判を世界に広めていくことができればと願っています」

軽井沢蒸溜所 *Karuizawa Distillery*

- ▶ 場所　　　長野県御代田町
- ▶ オーナー　キリン
- ▶ 創業　　　1955年
- ▶ 生産量　　廃業
- ▶ 主な製品　希少なシングルカスクとヴィンテージのボトル
- ▶ ビジター施設　なし

48年物の軽井沢1964。日本のウイスキー史上有数の古さのシングルモルト。シェリーカスクで48年間熟成させたウイスキーで、143本だけが生産された

軽井沢蒸溜所についてもっとも驚異的な事実は、スコットランドのポートエレンやブローラに代表される少数のアイコニックな閉鎖済み蒸溜所の仲間入りを、たった10年で果たしたということだ。日本の長年熟成させたウイスキーの水準からいっても、軽井沢で生産されたモルトは特別で、オークションにまれに登場すると、数万ドルもの値がつく。

蒸溜所は1955年に活火山の地帯に設立され、当時は日本で最も標高の高い蒸溜所だった。土地特有の微気候により、気温と高い湿度がウイスキーの水分の蒸発に影響を与えるため、アルコール度数の高いウイスキーが造られた。驚くほど濃厚な風味で、これまで造られた中で一番おいしいウイスキーのひとつといえる傑作だ。コクがあり、大胆で、ピート風味が強く、フルーティーなウイスキーで、非常に複雑な味わいの軽井沢。45年間、蒸溜所はゴールデンプロミス種の大麦を使って、その一部はピートを燃やした上で乾燥させ、主にシェリーの樽で熟成させて、伝統的なウイスキーを造っていた。

状況が異なれば、オーナーのキリンは軽井沢蒸溜所を早々に閉鎖することはなく、今日もここでウイスキーを造っていたかもしれない。2000年に閉鎖されるとウイスキー愛好家の間にファンを獲得し、数か月後には、日本のウイスキー全般への興味が軌道に乗り始めた。当時は誰も、その後に起こる事態を予見する知恵は持っていなかったのだ。キリンは土地を建設業者に売り、蒸溜所は廃業、生産をやめた。幸いなことに、ナンバーワン・ドリンクス社が肥土

伊知郎と協力して残りの在庫を救い、これらのウイスキーは目玉の飛び出るような値段で売られてきた。肥土はまた、軽井沢の最後のビンテージである1999年と2000年の樽の一部を選んで使い、ごく少量の限定版で「浅間魂」というウイスキーも造った。

　軽井沢蒸溜所には、さらに余話がある。設備がすでに持ち出されていたにもかかわらず、蒸溜所を再開しようという試みが行われたのだ。元従業員の一部が、ある東京の実業家の呼びかけで、軽井沢の味を再現するという計画への協力に同意した。ウイスキー専門家によると、若手実業家が軽井沢蒸溜所の土地と建物を買う交渉をしたものの、計画は挫折した。この実業家はくじけることなく、他のロケーションを探しているという。決定の暁には、蒸溜所の中心的な元従業員たちがブランド再建に力を貸すことに同意していると言われている。

日本最小の軽井沢蒸溜所で、外に並べられた樽

羽生蒸溜所 Hanyu Distillery

- 場所　　　埼玉県羽生市
- オーナー（在庫）肥土伊知郎
- 創業　　　1941年
- 生産量　　廃業
- 主な製品　ダブルディスティラリーズ、カードシリーズ、イチローズモルトの各種限定版
- ビジター施設　なし

羽生蒸溜所は軽井沢蒸溜所（90ページ）と関係が強く、双方とも廃業しているが、2000年以降の日本のウイスキーの人気に与えた影響は非常に重要で大きなものだ。世界中のウイスキーの愛好家や収集家、投資家に注目され、ウイスキーの世界のスポットライトが日本に当たるきっかけを作った。

羽生蒸溜所は1946年に酒造免許を取得して、東京の西北に位置する羽生市で創業したが、そのルーツはずっと昔にさかのぼる。肥土家は1625年に日本酒を造り始め、19代目が1941年に酒造会社を設立した。1980年に初めてスコッチスタイルのウイスキーを造ることを決める。生産は2台のスチルで開始されたが、短命に終わった。生産量は少なく、当時の市場はシングルモルトではなくブレンデッドウイスキーを求めていた。2000年までに、ウイスキー業界もこの蒸溜所も破産寸前に陥る。羽生はウイスキーに興味を持たない企業に売却された。在庫と蒸溜の設備を売り払った蒸溜所の歴史はこれで終わりかと思われたが、ここで二度の介入が起こる。第一に、笹の川酒造が在庫と生産施設を買い取り、樽を貯蔵したのだ。第二に、蒸溜所の創業者の孫にあたる肥土伊知郎も立ち上がった。新会社を設立することがかない、笹の川酒造の協力を得て、瓶詰めを再開したのだ。

それ以来、羽生の在庫はさまざまな銘柄で売り出され、その多くが「イチローズモルト」の名を与えられている。ほとんどが日本のウイスキーのヨーロッパ有数の販売店、パリのラ・メゾン・デュ・ウイスキーを通して売られてきた。しかし、羽生蒸溜所のウイスキーでとりわけ人気が高いのは、カードシリーズだ。肥土伊知郎のマーケティングが光るシリーズで、数年間にわたって発売された各銘柄のラベルには、毎回違うトランプのカードがあしらわれていた。数字が大きいほど古い樽を示し、複雑なビンテージや樽の番号に混乱させられがちな愛好家にとって、それぞれの樽が容易にわかるようになっていた。シリーズは2013年に2枚のジョーカーで終わりになり、全54種がそろった。その成功は、残りの軽井沢の在庫と同様、肥土に自分の蒸溜所を建てるための財源を提供し、秩父蒸溜所を通して、彼は肥土王朝を確立している。

カードシリーズは、それぞれのボトルに異なるトランプのカードがあしらわれ、数字が大きいほど古い樽であることを示している

宮下酒造蒸溜所

Miyashita Shuzo Distillery

- ▶ 場所　　　　　　岡山県岡山市
- ▶ オーナー　　　　宮下酒造
- ▶ 創業（ウイスキー生産）2015年
- ▶ 生産量　　　　　1,000リットル
- ▶ 主な製品　　　　未発売
- ▶ ビジター施設　　なし

宮下酒造はウイスキー業界で今注目される新しいメーカーのひとつだ。酒造会社として有名だが、ウイスキーメーカーとしては新しく、2012年に創業90周年を記念してモルト原酒の生産を始めた。岡山県にあり、日本酒を主に造っているが、総生産量50万リットルにはビールと焼酎も含まれる。

同社がウイスキー造りに乗り出したのは異例のことで、まだ準備期間が続いている。ケンタッキーとテネシーで研究が行われた。最初のバッチはドイツとイングランドからの輸入麦を原料に、同社の焼酎用の蒸溜器で蒸溜された。2013年にも蒸溜を行って熟成中で、2015年には3年物のウイスキーを初めて造った。同社は将来の計画については、錯綜するサインをいくつか出しているだけで、まだ手の内を明かしていない。

当初の生産は1,000リットルだったが、会社の目標は謎に包まれている。経営陣は将来に向けたウイスキー造りに強い意思を示しているとされ、地元産の大麦の買い付けを始めたという。岡山は麦の栽培で知られており、宮下は秩父に続いて、完全に国産のウイスキーを目指していることになる。

焼酎用の蒸溜器を用いるというのは一時しのぎで、ウェブサイト「Nonjatta」によれば、本格的なドイツ製のウイスキー用スチルに投資したといい、経営陣は短期計画では、年間2,000〜6,000リットルまで生産量を上げる予定だとしているが、いずれにしてもごく少量だ。宮下附一竜(ふいちろう)社長は、やわらかく繊細なウイスキーを造りたいとの意向を明らかにしているが、まだ準備段階なのではっきりしたことは言えなさそうだ。

会社側はこう述べている。「宮下酒造は、日本酒やビールに加えて、焼酎、リキュール、ローモルトビール、スピリッツ、ウイスキーといった酒類全般を生産する包括的な酒造会社を目指しています。現在、東京や大阪をはじめとする大都市圏での販売に加えて、アメリカ、ヨーロッパ、それに中国などアジア諸国にも輸出を始めています」

日本酒造りで有名な宮下酒造では、新しい醸造所で国産の大麦を使ったウイスキー造りを目指している。将来の生産量はまだ明らかではない

マルス信州蒸溜所

Mars Shinshu Distillery

- ▶ 場所　　　　長野県宮田村
- ▶ オーナー　　本坊酒造
- ▶ 創業　　　　1984年
- ▶ 生産量　　　未発表
- ▶ 主な製品　　駒ヶ岳5年、
　　　　　　　　シングルカスク数種
- ▶ ビジター施設　小規模の蒸溜所と隣接するビール醸造所の見学ツアー、試飲

　日本のウイスキーについて語られるさまざまなストーリーのうち、マルス信州蒸溜所ほど込み入ったものはない。スタート時の失敗、度重なる引っ越し、ウイスキーのスタイルの変化といった激動の社史の始まりは、日本のウイスキーの創成期にさかのぼる。

　経営する本坊が山梨の蒸溜所でウイスキー造りを始めた時の責任者は、岩井喜一郎だった。日本のウイスキーの開拓者である竹鶴政孝が留学する前、岩井と竹鶴はある会社の同僚で、ふたりは日本初のモルトウイスキー蒸溜所を建設する計画を立てていた。しかし、竹鶴が帰国すると、ふたりが務めていた会社は財政難に陥っていて、竹鶴は山崎で鳥井信治郎とともに働くことになった。本坊は1949年にウイスキーの製造免許を取得するが、実際に生産を始めるのは1960年で、その時、岩井は竹鶴によるウイスキー造りの報告書を参考にしたと考えられている。造られたのは重くピート風味の強いスタイルのウイスキーで、率直に言って売れなかった。生産は1969年に停止し、工場はワイン造りに使われるようになった。

　同社が再びウイスキーに挑戦するまでには10年弱の長い年月が必要だった。新しい場所が必要で、九州の鹿児島にまで南下する。気候は亜熱帯で湿度が高いが、重くスモーキーなスタイルのウイスキー造りにこだわり続けた。この時も大成功とはいえなかったようで、1980年代半ばまで

木曽山脈のふもとにあるマルス信州は、海抜798メートルと日本で最も標高の高い蒸溜所だ

に同社は方針を再び改める。また引っ越すことになり、今度は長野市から遠くない場所が選ばれた。新しい土地は標高が高く、会社はウイスキーのスタイルをさまざまに変えたのちに、新しい蒸溜過程を採用してより軽いウイスキーを造るようになった。10年後、羽生や軽井沢の閉鎖を招いたのと同じ運命をたどり、生産は停止した。

現在、蒸溜所は生産を再開しており、2015年からウイスキーの発売を始めた。最初に売り出されたのは、昔のマルスの在庫に、スコッチのシングルモルトをブレンドしたブレンデッドモルトだ。計画では、ピートを使って乾燥させた大麦と、そうでない大麦の双方を使ってさまざまなウイスキーを造る予定だ。

最近の生産に使われているポットスチルは、山梨の蒸溜所から移動されたスチルの代わりに新しく導入されたものだが、それでも最初のマルス蒸溜所を設立した岩井喜一郎の設計図を基にしており、そしてその設計図は竹鶴の報告書を基にしていた。標高が高い場所にあるため、冬は蒸溜所に積雪が見られ、零下15度まで冷え込むため、熟成はゆっくりと進む。同時に、他の蒸溜酒も製造されている。

蒸溜所は見学が可能だが、不便な場所にあるため訪れる人は少なく、行ったことのある人の間での評価は分かれるが、すばらしい体験になったと言う人もいる。蒸溜所が操業を再開し、そして注目を集めているということを、まずは前向きにとらえたい。新製品をテイスティングしたウイスキー評論家のデーヴ・ブルームによれば、甘口でナシのノートと軽いピート風味があり、ミドルでは硫黄がかすかに感じられ、今後の熟成を期待できるという。

宮城峡蒸溜所

Miyagikyo Distillery

▶ 場所	宮城県仙台市
▶ オーナー	ニッカ
▶ 創業	1969年
▶ 生産量	300万リットル
▶ 主な製品	宮城峡 NAS 2015
▶ ビジター施設	日本語の見学ツアー、自由見学可能、試飲、限定版を即売するショップ

宮城峡は日本第2のウイスキーメーカーであるニッカの2つの蒸溜所のうちの1つだ。仙台市にあり、日本のウイスキーの開拓者、竹鶴政孝が本格的なリサーチをしたのちに（ニッカによれば3年をかけて）この地を選んだ。ここは特別な場所だ。人里離れ、自然豊かで緑に囲まれた地域で、山並みを背景とし、周辺には温泉が点在し、2本の大きな川が合流する地点にある。言い伝えによれば、竹鶴は水を試飲するやいなやこの地を選んだといわれるが、それ以外にも利点は多かった。冷たい水が豊富に得られること、清浄な空気、高い湿度といった要素が、どれもその役割を果たした。冬には蒸溜所は雪に包まれる。

蒸溜所は1969年、ウイスキー業界の好況を受けて、ニッカのウイスキーの生産量を増やすために造られた。当初仙台蒸溜所と呼ばれていた蒸溜所は、以来2回の拡張工事が行われ、1979年にはグレーンウイスキーの生産施設が増設され、1989年には、年間300万リットルと推定される生産が可能になった。2001年、ニッカがアサヒビールに買収されると、宮城峡蒸溜所と改名された。

蒸溜所は8台の大型で伝統的なスチルで構成されていて、日本国内の他の蒸溜所とは違い、どれも同じ大きさと形だ。とはいえ多様なスピリッツを造ることができないわけではなく、発酵の段階で数多くの菌種の酵母が使われている。ほとんどの銘柄がイングランドとオーストラリアから輸入された大麦でピートを使わずに造られているが、ピート風味の強いウイスキーが造られることもある。リッチでフルーティー、エレガントで洗練されたアロマが感じられるウイスキーが多い。

熟成は倉庫で行われ、ウイスキーの樽は2つずつだけ重ねられる。これは湿度の恩恵を十分に受けられるようにするためと、この地域は地震のリスクがあるという理由からだ。倉庫が20あまりある。さらに2台のカフェスチルを使って3つのスタイルのスピリッツが造られていて、そのうち1つは大麦が原料で12年物のカフェモルトに使われる。

カフェスチルで大麦を使う製法は、竹鶴が留学中にスコットランドで行われていたものかもしれないが、今日のスコッチ・ウイスキー・アソシエーションの規則によれば認められていない。宮城峡でこうして造られているウイスキーは見事な出来だ。バーボンのような磨かれたオークの風味に加え、トロピカルフルーツ、ダークチョコレート、ビ

年数表示なしの「竹鶴ピュアモルト」は、モルトのブレンドで造られていて、フルーティーでエレガント、洗練されたウイスキーだ

人里離れ、自然豊かで緑に囲まれた地域にある宮城峡蒸溜所。きれいな空気と新鮮な水のためにこの地が選ばれた

上　大型の伝統的なスチル8台と、カフェスチル2台がある
下　熟成中の樽。宮城峡で造られているウイスキーは、とりわけやわらかい風味が特徴とされる

蒸溜所ではすばらしい見学ツアーを行っていて、珍しいニッカウイスキーも試飲できるので、行く価値は大きい

宮城峡で生産されたウイスキーを使った
カフェグレーンウイスキー

ターコーヒー、そしてナッツを散らしたバニラアイスクリームのノートがある。

　宮城峡は見学者を歓迎していて、毎日見学ツアーを行い、最後に用意されたテイスティングルームでは、かつてはさまざまなニッカウイスキーを自由に試飲することができた。しかし、このサービスが続けられるかどうかは不明だ。2015年秋には、ニッカはシングルモルトウイスキーの在庫がなくなって廃業に追い込まれる事態を避けるために、熟成させたシングルモルトの発売をやめ、代わりに2つの年数表示のない銘柄を発売すると発表した。近い将来は（そして「近い将来」は半永久的を意味するかもしれないとうわさされている）、「宮城峡」の10年、12年、15年物は発売されないというのだ。この悪い知らせをある意味で帳消しにしてくれたのが、新しい「宮城峡」がニッカの名にふさわしい出来で、見事な質のウイスキーだという事実だ。在庫の問題がどうであれ、企業としてのニッカとウイスキーの人気は強まるばかりだ。

99

静岡蒸溜所 *Shizuoka Distillery*

- **場所**　　　　静岡県静岡市
- **オーナー**　　ガイアフロー
- **創業**　　　　2015年、最初のウイスキーが
　　　　　　　　2019年発売予定
- **生産量**（予定）20万リットル
- **主な製品**　　未発表
- **ビジター施設**　なし

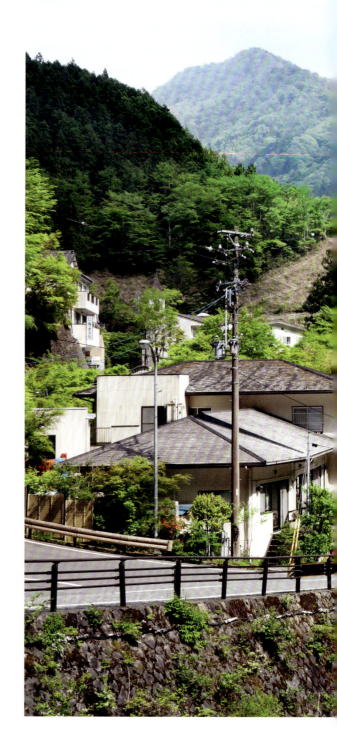

いくつかの小規模な蒸溜所がウイスキー生産を計画しているが、近い将来シングルモルトを発売できる見通しが立っているのは厚岸と静岡の2か所だ。太平洋沿岸の静岡市にある蒸溜所は山に囲まれていて、地域の海岸は「日本のリビエラ」と呼ばれている。安倍川の水が豊富にあり、富士山が近く、東京への交通の便が良いうえに、地元で大麦が栽培されている。

蒸溜所は、ウイスキー輸入会社の代表取締役である中村大航の発案により、2012年から計画されてきた。設備は軽井沢蒸溜所から購入した。ただし、ジャーナリストのニコラス・コルディコットと「Nonjatta」の編集長ステファン・ヴァン・エイケンによれば、その設備のほとんどは2000年代初めの蒸溜所閉鎖以来、劣化が激しく使い物にならないという。もっと新しいポットスチルと、ポーテウス社製のモルトミル、それに樽タガ締め機が使われている。

『2016モルト・ウイスキー・イヤーブック（2016 Malt Whisky Yearbook）』によれば、「中村は、シングルモルトとブレンデッドウイスキー、ジン、ブランデー、リキュールを造る計画だと言っている」。ウイスキーの生産目標は20万リットルで、生産量ランキングでは江井ヶ嶋酒造（ホワイトオーク蒸溜所）を超えることになる。中村によれば「明るく、フルーティーで、繊細なウイスキー。うっとりと耽溺してしまうような美しいアロマが目標です。もしも計画通りに進めば、最初のウイスキーが2019年に発売され、日本で開催されるラグビーのワールドカップや東京オリンピックに間に合うでしょう」。

日本のリビエラとして知られる地域に位置する静岡蒸溜所では、安倍川の豊富な水が使われる

ホワイトオーク蒸溜所

White Oak Distillery

- **場所** 　　兵庫県明石市
- **オーナー** 　江井ヶ嶋酒造
- **創業** 　　1888年
- **生産量** 　5万リットル
- **主な製品** 　あかし NAS、限定版各種
- **ビジター施設** 見学ツアー、ショップ

日本のウイスキーにコンテキストを与えた蒸溜所といえば、江井ヶ嶋酒造のホワイトオーク蒸溜所だ。ここではウイスキー造りは補足部分であり、生産量は徐々に増えているが、会社の主要な興味はあくまでも日本酒と焼酎の生産であり、ウイスキーは副業にとどまっている。

1888年、神戸に近い明石に創業した江井ヶ嶋酒造は、1919年にはウイスキー製造免許を取得した日本初の蒸溜所となった。ウイスキーへの興味は初期から存在し、ウェブサイト「Nonjatta」では「ホリー」と呼ばれた液体が入っていた瓶を所有しており、そのラベルには「オールドスコッチ」とあり、ホワイトオーク蒸溜所で造られたとも書かれているという。ありとあらゆる種類の混ぜ物をした液体がウイスキーとしてまかり通り、スコッチと呼ばれた時代の遺品だが、その成分や味については記録がない。

ホワイトオークが生産を始めたのは1960年代になってからのことで、その後もまれにしかウイスキーを造らず、最初のシングルモルトを発売したのは1984年に会社が新社屋に移転してからのことだった。日本のウイスキーに対する需要が急増している今、主要なウイスキーメーカーとなるかどうかは、まだわからない。生産量を増やし、新しく個性的でここにしかないウイスキーを造るという動きはあるが、コアなビジネスはウイスキーではない。蒸溜所は日本酒、焼酎、それにウイスキーの専門のスチルルームが個別に設けられている。

「ホワイトオークあかし」はブレンデッドウイスキー。日本の焼酎の樽（アメリカンオーク）で3年置いた後にバーボン樽で熟成させ、さらにシェリーカスクで2年間熟成させて仕上げる

日本酒の杜氏によって造られる唯一のウイスキー、あかしの樽

　会社は市場の景気の下降に敏感に反応し、ウイスキーの生産は断続的に行われてきた。しかも、造られる原酒のほとんどが、「ホワイトオーク」などブレンデッドウイスキーの素材となる。シングルモルトが発売される場合も若いウイスキーがほとんどで、2013年に発売された15年物は例外的だった。最近の報告によると、蒸溜所には8年よりも長く熟成させているウイスキーの在庫はほとんどないという。

　ウイスキーは蒸溜所内で貯蔵され、主にバーボン樽で熟成しているが、ワインやコニャック、焼酎の樽のほか、新しいオークの樽、それにあまり知られていない日本のオーク、コナラの樽も使われている。蒸溜所では製造過程の3段階すべてについて見学ができるが、事前に予約するよう勧めている。

上　ホワイトオーク蒸溜所は日本で最初にウイスキー製造免許を取得したが、40年以上経ってからようやくウイスキーの生産を開始した
右　ホワイトオーク蒸溜所の平石幹郎社長。近年はブレンデッドウイスキーの生産に力を入れている

104　第 3 章 日本のウイスキー蒸溜所　|　*The Whisky Distilleries of Japan*

余市蒸溜所 *Yoichi Distillery*

- **場所**　　　　北海道余市町
- **オーナー**　　ニッカ
- **創業**　　　　1934年
- **生産量**　　　200万リットル
- **主な製品**　　余市 2015 NAS、限定版各種
- **ビジター施設**　見学ツアー、自由見学、試飲、
　　　　　　　　博物館、レストラン、ショップ

　北海道の余市蒸溜所は札幌から50キロの地点に位置する小さな町にあり、日本最北の蒸溜所だ。余市には漁港があり、山々に囲まれていて、海の向こうはロシアだ。

　東京からは遠い北海道の小さな町にあり、冬場は零下にまで冷え込む。

　余市は、竹鶴政孝が鳥井信治郎と手を切って、のちに大企業ニッカとなる大日本果汁を創業することを決めた時に、最初に蒸溜所を設立するために選んだ場所だ。それは勇気ある決断だったが、竹鶴にとっては偉大なモルトウイスキーを造るための重要な要素がすべてここにあったのだ。地理や天候がスコットランドに似ていると言われている。

　創業当時は北海道蒸溜所と呼ばれ、1930年代、ウォッシュスチルとしてもスピリッツスチルとしても使われたスチルによって、蒸溜を始めた。生産量は小規模で、年間15万リットルにとどまった。当初から竹鶴が目指していたのは、山崎で造っていたのと同じような、そして商業的に失敗した類の、重くてオイリー、スモーキーなウイスキーだった。

　社長として竹鶴は粘り強い努力を続けたが、やっとシングルモルトが発売できたのは1980年代のことだった。日本のウイスキーがきら星のごとく注目されようとしていた頃、2001年に蒸溜所はアサヒビールに買収されて改名された。

　今日、ずんぐりした玉ねぎ形のスチルが6台あり、どれも石炭を燃やしており、がっしりしていて芳醇な原酒が造ら

山々に囲まれた美しい北海道の町、余市町にある余市蒸溜所

れる。地元でピートが採れるうえ、蒸溜所にはモルティングキルン（麦芽乾燥塔）とパゴダルーフがあるが、これらは使われていない。蒸溜所では、国内の大部分の蒸溜所と同様、輸入の大麦を使っている。

余市といえば、ピート風味の強いしっかりとしたウイスキーが連想されることが多く、実際に現在もそうしたウイスキーが多い。スコットランドのアイラ島で造られるタイプのウイスキーと比べられることが多い。しかし、デーヴ・ブルームは、著書『ウイスキー世界地図（The World Atlas of Whisky）』において、ブラックオリーブと塩気が感じられるとして、アイラ島ではなく、むしろスコットランドのキャンベルタウンがあるキンタイア半島のウイスキーに似ていると指摘している。

しかし、ピート風味の強いスタイルのウイスキーのために、蒸溜所では国内の他の蒸溜所と同様、数百種、あるいはもしかしたら数千種におよぶ幅広いタイプのスピリッツを造っている。余市は長年の歴史を通して、数多くの特別なボトルを発売し、多様性に富んだ味わいでウイスキー愛好家たちに驚きと楽しみを与えてきた。

印象的な赤い屋根の美しい建物と静かな環境にある余市

上　余市蒸溜所は、ずんぐりした玉ねぎ形のスチルが6台あり、どれも石炭を燃やしている。がっしりしていて芳醇な原酒が造られる
右　ニッカが年数表示のあるボトルの販売を停止したことから、年数表示のある余市のシングルモルトは入手困難になっている

108　第 3 章 日本のウイスキー蒸留所　｜　The Whisky Distilleries of Japan

竹鶴政孝とリタについてのテレビドラマが放映されて以来、北海道の小さな町にあるにもかかわらず、余市蒸溜所はとりわけ数多くの見学者を集めている

　蒸溜所は、北海道の小さな町にあるにもかかわらず、かなりの数の見学者を集める。竹鶴と妻のリタはこの地に眠っており、ふたりの人生に基づくテレビドラマが日本のテレビで2014年から2015年にかけて放映されたことから、蒸溜所を訪れる人の数は4倍に増えた。これは蒸溜所にとっては歓迎すべきニュースだが、ニッカの熟成させたモルトウイスキーの在庫状況は悪化した。見学ツアーの最後に、最高3種類までの試飲が提供されていたからだ。

　蒸溜所では、2種類の見学ツアーを用意している。日本語のみのガイドツアーと、地図を見ながら蒸溜所内を自由に見学できるコースだ。いずれも無料。ポジティブなニュースばかりではない。ニッカは成功のあまり、在庫が底をついて廃業に直面しかねない危機にあり、抜本的な対策をとる必要があると発表。ウイスキーの世界に衝撃を与えた。「余市」10年、12年、15年、20年の販売が打ち切られた。

INTERVIEW

佐久間正 *Tadashi Sakuma*

ニッカ チーフブレンダー

―――

伝統を忠実に守りながら革新を目指す

佐久間正はニッカのチーフブレンダーだ。常に革新的であり、実験精神を持ち続けることが、日本の蒸溜所として生き残るために必要だと信じている。日本第2のウイスキーメーカーであるニッカが2015年、長年熟成させたウイスキーの銘柄の販売を停止し、2つの年数表示をしていない銘柄を新発売すると発表すると、業界の誰もが驚愕した。

あるスタイルのウイスキーの需要が増えて入手困難になり、その結果、大手のメーカーが供給を出し惜しみするというのは非論理的にも思える。しかし、そんな見方は時期尚早であることが明らかになった。ニッカは質の高いウイスキーから背を向けたのではなく、いずれにしてもそれ以外に選択肢はないと発表したのだ。もしもすぐに行動を起こさなければ、ウイスキーの在庫が底をついて、廃業せざるをえないというのだ。

実際、2つの蒸溜所からそれぞれ発売された年数表示のないウイスキーは、日本のウイスキーファンにしっかりと受け入れられ、いずれも高い質を示している。それでもやはり、ニッカにとっては困難な時といえる。

年数表示のないウイスキーを造り出すという任務を負った男が、チーフブレンダーの佐久間正だ。ニッカの余市蒸溜所で1982年にキャリアをスタートさせた。その後、製造、熟成、原料の調達、それに品質管理など、さまざまな職務でウイスキーについて学んだ。

1995〜2001年にはニッカの欧州事務所長として、ロンドンを拠点としながらヨーロッパ中を旅し、日本のウイスキーの輸出を促進するために最前線で活動した。2012年4月、チーフブレンダーに任命され、同社のブレンディング部門の頂点に立った。

佐久間は、ニッカの高い品質水準が低下したことは一度もなく、新しいウイスキーはニッカの一連の製品の歴史に連なる価値があると強調する。しかし、いずれにしても選択の余地はほとんどなかったことを認めている。

「正直なところ、1990年代末に輸出を始めた頃には、これほど需要が高まるとは全く予期していなかったのです。現在の騒ぎの一因は、日本のウイスキーがつかみどころのない存在で、ウイスキー愛好家が秘密を知りたいと好奇心を掻き立てられているからだと思います。このブームはまた、海外のパートナーとの協力によって市場を開拓するために重ねてきた努力の結果でもあるでしょう。

ニッカは海外市場における日本のウイスキーの最近のブームに加えて、（ニッカの創業者である）政孝とリタについてのテレビドラマのおかげで、国産市場で一種のフィーバーを体験しました。その結果、数多くの銘柄の生産を打ち切り、輸出量を減らすことを決めました。これ以上わが社のディスティラーたちをこき使うことは不可能なのです。高い水準を保ち、生き残るためにたゆみない努力を続けるディスティラーたちです。

　日本のウイスキー生産が始まってから90年あまりの歳月が経ち、その大部分は国内市場向けに業界が発展してきました。比較的近年になってから、ようやくグローバル化の動きが見られるようになったのです。その結果、日本のウイスキー産業は今、世界のウイスキー市場での競争にさらされています。生き残るためには、もっと向上しなくてはなりません。年数表示のないウイスキーには議論の余地があると考える向きもあるかもしれませんが、そのおかげで熟成の拘束から解放され、私たちがストックしているさまざまな個性のウイスキーをすべて活用することができるのです」

　佐久間は、他のウイスキーを造るのと全く同じ姿勢で、つまりは品質面で妥協することなく、年数表示のないウイスキーを造ったと説明する。

　「ニッカは常に伝統に忠実であり続けてきました」と彼は強調する。「それと同時に、革新的でもあり続けてきました。ニッカが最も大切にしているのは品質と開拓者精神です。生産者として最高なのは、これまで見たこともないような製品で世界を驚かせられることで

す。ニッカは創業者から、目に見える遺産と目に見えない遺産の双方を受け継いでいます。際立つ個性を持った2つの蒸溜所、カフェスチル、ブレンディングの技術など。こうした遺産をもとに、私たちは原材料、発酵、蒸溜、貯蔵、熟成、ブレンディングで無数の組み合わせを実験してきました。だからこそ、どんなに舌の肥えた方でも満足していただける幅広い製品を提供できるのです」

　ニッカの年数表示のあるウイスキーは、しばらくの間はバーで供される見通しで、在庫が切れた後は、コレクションしている人たちが売りに出すだろうと佐久間は述べる。一方で、ニッカは新世代のウイスキーの開発を進める。このため、日本のウイスキーは今後も力を増していくと自信を持っていて、新しい蒸溜所が市場に参入することについても楽観的だ。「市場が刺激されるのは、そしてウイスキーを飲まれる方に幅広い選択肢を提供できるのは良いことです」と彼は語る。「とはいえ、本当に良いウイスキーを選ぶには、消費者のみなさんに洞察力が求められる時代になりますね」

CHAPTER

4 / 四

FOUR

第 4 章

テイスティング
ノート

Tasting Notes

　この章で取り上げるウイスキーにはすべて、それぞれの銘柄の主な特徴を要約するフレイバーホイール（風味の円形図）がついている。この図は簡略化されていて、一般的な目安として使われるべきものだ。上質のウイスキーの繊細で微妙なニュアンスをこれで網羅しようというつもりはない。たとえば「フルーツ」の帯は、赤、オレンジ、緑、黄色のフルーツをすべて含む。モルトやナッツなどの味についての帯はない。これらのカテゴリーは文字通りに受け取られるべきではない。たとえばピートの帯は、ウイスキーがピートで乾燥させた大麦を原料に使っていることを必ずしも意味せず、たとえシェリーカスクに含まれる硫黄の成分に由来するものであったとしても、ピートを思わせるような土っぽい味が背景に感じられることを示す。

　日本の蒸溜所は、諸外国に比べ、特定の機会や店舗のためのシングルカスクの発売をかなり積極的に行っていて、日本のウイスキーバーにはさまざまな銘柄があふれているが、それらは海外には一切出ていない。その結果、完全なリストを作るのは不可能で、以下に挙げるのは一部にすぎない。

　以下に挙げるのは、いずれも2000年以降に国際市場に少量でも出回ったことがあり、軽井沢のいくつかの銘柄を例外として、どこかで入手可能と思われるウイスキーだ。しかも、おいしくて試すに値するものだけを厳選している。すでに終売された銘柄もある。しかし、もちろん、「終売された」からといって入手できないわけではない。もう生産されていないウイスキーの多くが、コレクションされていて、いつかオークションに登場するかもしれない。こうしたボトルはどこかの棚で埃をかぶっていて、いつか発見されるのを待っているのだ。

113

シングルモルト

イチローズモルト
秩父 ザ・ファースト

―――

バーボン樽で熟成され、わずか3年で発売されたウイスキーは、肥土伊知郎による新しい蒸溜所の所信表明だった。限定版で、驚くほど豊満で甘く、飲みやすい。バニラのノート（香調）と歯ごたえのあるフルーツが感じられる。ストレートだと単純な印象だが、水を加えると、レモングラスとライム、エキゾチックなスパイスの洗練されたミックスに変貌する。

アルコール度数
61.8%

イチローズモルト
秩父 ポートパイプ

―――

創業時から、肥土伊知郎は因習を打破する意思を示し、この3年物や、イングランドのノーフォーク産の麦から造られたウイスキー（次項を参照）を発売した。これはまだ発展途上ではあるがおいしいウイスキーで、水を加えると赤いフルーツが際立つ。しかし、埃っぽさと若すぎる落ち着きのなさも目立つ。終わりは快く、全体としては有望だ。

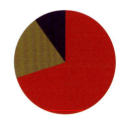

アルコール度数
54.5%

風味の要素 ▶　ピート ●　フルーツ ●　ウッド ●　スパイス ●　シェリー ●

イチローズモルト
秩父 ザ・フロアーモルテッド 3 年

秩父はごく小規模な蒸溜所だが、肥土伊知郎が率いるチームは幅広い個性を持つウイスキーを提供していて、大胆に新しい試みに挑戦している。この発展途上のウイスキーはイングランド東部のノーフォーク産の麦芽を使っている。蒸溜所のクラフト技術の評価を確立するような銘柄だ。フロアーモルティングは珍しく、大規模に行われることはほとんどない。素朴で少しごつごつしたウイスキーで、穀物と酸味のあるフルーツも感じられ、興味深い味わいが完成している。

アルコール度数

50.5%

富士御殿場 15 年

富士山のふもとで造られるグレーンウイスキー。これと、「富士山麓」は互いに関係の強いウイスキーで、ともに残念ながらめったにお目にかかれず謎に包まれている。「富士御殿場」は小麦の麦芽と焼きたてパンの変わった香りが初めにある。舌に載せると繊細でフローラル、甘くすっきりとした味わいで、ハチミツとバニラアイスクリーム、それからやがて甘いスパイスとオークのノートが現れる。余韻は豊かで甘い。

アルコール度数

43%

115

白州 10 年

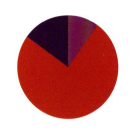

「日本人のための日本のウイスキー」とサントリーが説明する「白州10年」は、見事な出来で、端正で非常に親しみやすい軽やかなウイスキーだ。ピート風味の強いモルトウイスキーもある白州だが、これはそうではない。ぱりっとグリーンな風味のあるウイスキーで、リンゴ、飴がけのリンゴ、それにカスタードクリームをかけた洋梨のクランブルを感じさせる。いくらか土の香りも感じさせるがごくわずかだ。

アルコール度数
40%

白州 12 年

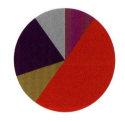

サントリーによれば「白州10年」(前項)と同じ製法で造られたウイスキーだが、2年のさらなる熟成ではっきりと深みが増している。10年物と同じくらい爽やかだが、ピートのスモーキーさに加えて、コクと深みがある。緑のフルーツは健在だが、歯ごたえのある麦のノート、スペアミント、リコリス、それにかすかなレモンも備える。見つける価値のあるウイスキー。

アルコール度数
43%

116　第 4 章 テイスティングノート ｜ *Tasting Notes*

風味の要素 ▶　ピート　●　フルーツ　●　ウッド　●　スパイス　●　シェリー　●

白州 18 年

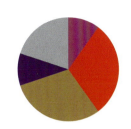

発売されるやいなや受賞が相次いだウイスキー。したがって需要が供給を上回り、入手が難しい。バッチの間にどれくらいのバリエーションがあるのかは知らないが、他の人たちの記録を読むと、私が飲んだのとはかなり違っている。私の体験では、初めは甘く、リンゴ、洋梨、それにはっきりとウッディでシェリーのノートがある。しかしやがてオーク味が勝ち過ぎ、終わりにはタンニンの渋みが口に残る。

アルコール度数
43%

白州 25 年

「白州18年」（前項）のさらに上の25年物は、熟成しすぎではないかと考えても無理はない。しかし、実際にはそんな予想を覆す出来で、すばらしいウイスキーだ。マーチン・ミラーは、失敗ばかりの試作を重ねたのちに、少量の「変わった」（つまりはまずい）ウイスキーをもとにこの優れたウイスキーの製法が生まれたと述べている。コクがあり、シェリー入りトライフル（スポンジケーキのデザート）のようなモルト。フルーティーなジャムとウッド、スパイスが背景にある。緑の完熟したフルーツもその中に感じられるかもしれない。

アルコール度数
43%

117

白州 1989

若い白州は端正で快い中にかすかにスモーキーさが感じられるが、これは全くかけ離れている。「白州1989」は吠えて荒れ狂う野獣のようで、強いインパクトを放つ。まずはストレートを試したいが、非常に強いので水を加えると、煮込んだプラム、焦がしたオーク、レモン、グレープフルーツといった複雑でエキサイティングな風味が次々と現れる様子を楽しめる。シェリーのノートが強いが、お香のような香りもあり、コクがあり複雑で魅力的なウイスキーとなっている。

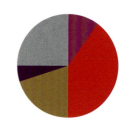

アルコール度数

60%

羽生
1988 シングルカスク #9501

羽生蒸溜所は2000年に生産を停止したが、秩父蒸溜所のオーナーで、羽生の創業者の孫にあたる肥土伊知郎は在庫を持ち出し、イチローズモルトのシリーズで売り出した。しかし、「羽生1988シングルカスク」はそうではなく、肥土と密接なコラボレーションを行っているナンバーワン・ドリンクス社から発売されている。繊細でフローラル、濃厚なフルーツとスモーク、シトラス、バニラがある。メンソールとリコリスもかすかに感じられ、甘くスパイシーな余韻が長く楽しめる。

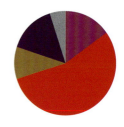

アルコール度数

55.6%

風味の要素 ▶ ピート ● フルーツ ● ウッド ● スパイス ● シェリー ●

羽生
1991 シングルカスク

「羽生1988シングルカスク」とは全く異なるが、これもナンバーワン・ドリンクス社の製品。アルコール分が多く重厚な力作、まるでウイスキーグラスに注いだ鉄の処女ともいうべきウイスキーで、力強く誇りに満ちていると同時に熟成と洗練を感じさせ、すべての要素が調和して偉大な味わいを作りあげている。短い導入部ののち、シェリー、ふんだんでフルーティーなジャムのノート、ダークココア、豊かなオークとたっぷりのスパイスといったすべての要素が最大の音量で流れ出す。

アルコール度数

57.3%

イチローズモルト カードシリーズ
エイト・オブ・ハーツ

カードシリーズは、新しい経営者が先代とは違う仕事をすることをはっきりと示した。それぞれのトランプのカードは、閉鎖された羽生蒸溜所から救い出された400樽の一部であるシングルモルトの各シングルカスクを指す。肥土はジョーカーを含むトランプ1セット分のウイスキーを発売していて、数字が大きいほど古いウイスキーを指している。これは17年物で、香りは埃っぽいが、モルトは爽やかできびきびしていて、ショウガ、ナツメグ、シナモン、コショウに続いて、ジューシーなベリーが現れる。

アルコール度数

56.8%

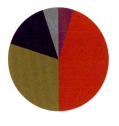

119

イチローズモルト カードシリーズ
ファイブ・オブ・スペーズ

肥土伊知郎のカードシリーズは、消費者にとって年号や年数などを記憶しなくてもボトルを覚えておけるという利点がある。「ファイブ・オブ・スペーズ」は羽生蒸溜所が生産を停止して取り壊される直前の最後の年に蒸溜された。その在庫が日本を出ることはまれなので、シリーズのどれでも試すチャンスを見逃さないように。これはシェリー入りトライフルの豊かな風味が楽しめ、さらにストロベリーフランとバニラカスタード、ナッツ、オーク、それにコショウも感じさせる。見事なウイスキー。

アルコール度数

60.5%

軽井沢 17 年

軽井沢蒸溜所は、コレクションする価値のあるウイスキーとして日本のウイスキーが最高の地位にある事実に貢献している。「軽井沢」は希少になったので、価格もうなぎ登り。残っていた在庫は、ほとんどが肥土伊知郎とナンバーワン・ドリンクス社のパートナーシップによって買われたが、このボトルは例外だ。コクがありフルーティーな銘柄で、最初はシャーベットのノート、続いてコーディアルのノートが現れ、同時にオークとスパイスも感じられるのでバランスが取れている。

アルコール度数

59.5%

風味の要素 ▶　ピート ●　フルーツ ●　ウッド ●　スパイス ●　シェリー ●

軽井沢 1967
シングルカスク #6426

このウイスキーは42年物。もしも手に入れたければ、まずは見つける必要があり、それに大金を支払わなくてはならない。2015年にオークションで売られたボトルは1万3,000ユーロ（約175万円）で、以来、3万ユーロ（約400万円）にまで値上がりしたと言われている。これだけ古いシングルモルトウイスキーは珍しく、もしもスコッチで同じくらい古い物であれば、アルコール度数は40％台前半だろう。想像通り、ウッドが前面に出ていながら、グレープフルーツなど香り高い爽やかなフルーツが感じられる。コーヒー、リコリス、プルーンもある。

アルコール度数

58.4%

軽井沢 1971
シングルカスク #6878

名実ともに、世界有数の豊かで複雑なウイスキー。しかし、ハイオクの最速タイプでもあり、つかまえるには何度か飲んでみる必要がある。それにはいくつかの要因があり、熟成が37年かけてゆっくりと行われたこと、そして豊満で濃厚な強いアルコールにもよる。フルーツとナッツ、リッチなフルーツケーキが楽し気な味わいをもたらし、リコリス、オーク、もみ殻、それにダークチョコレートも気配を見せる。

アルコール度数

64.1%

121

軽井沢 1976
シングルカスク #6719

日本古来の能をデザインしたラベルで特別に発売された。32年物だが63%のアルコール度数を保っている例外的なウイスキーで、注目に値するが、それは樽に負けることのなかった力強いスピリッツのおかげだ。お香のような香りとバニラ、レモンクリームで始まり、さまざまなフルーツの濃縮された味わいが続く。余韻はまた新たな展開があり、柔和なまろやかさを楽しめる。

アルコール度数
63%

軽井沢 1985
シングルカスク #7017

軽井沢蒸溜所のウイスキーを多数試す幸運に恵まれた人たちは、どのボトルもすばらしい個性があると言うことだろう。どのボトルも控えめとはいえない。「軽井沢1985シングルカスク#7017」はとりわけコクがあり多面的な魅力を持つウイスキーで、全力で迫ってくる。プラムとプルーンジュース、オレンジのノートが来て、さらに濃密なオークとたっぷりとしたシェリーのノートも現れ、アニスシードとヒッコリーがかすかに感じられ、そのすべてが調和している。とにかく多彩な風味が展開するウイスキーだ。

アルコール度数
60.8%

風味の要素 ▶　ピート ●　フルーツ ●　ウッド ●　スパイス ●　シェリー ●

軽井沢 1986
シングルカスク #7387

「日本のウイスキーは、スコッチのシングルモルトに飽きたときに代わりに飲むべきもの」と思っている人がいたら、これを飲めば考えを改めずにはいられないだろう。これはわが道を行くウイスキーだ。優れた個性は細部に宿り、しかもふんだんにある。香りは湿ったキノコのノートだが、舌に載せるとレモンとグレープフルーツが前面に現れ、はっきりとしたオレンジと大麦のノートが続く。日本の万華鏡を通してフルーツを食べているかのような味わいだ。

アルコール度数

60.7%

宮城峡 10 年

宮城峡はニッカの所有で、日本のウイスキーを初めて造ったひとりでニッカの創業者でもある竹鶴政孝が、高い湿度と清浄な空気のために選んだ土地だ。ニッカによれば、この土地は竹鶴が修業したことのあるスコットランドのケアンゴームに似ている。緑と黄色のフルーツの風味のウイスキーだが、バニラとタフィーのノート、それに繊細なスパイスもある。最高級のフルーティーなスペイサイドのウイスキーと肩を並べてもおかしくないだろう。

アルコール度数

45%

123

宮城峡 12 年

これを書いている現在、ニッカは年数表示のあるウイスキーを販売停止し、年数表示のないウイスキー2銘柄を発売する過程にある。そのひとつが宮城峡で、もうひとつは第2の蒸溜所、余市のものだ。これはモルトウイスキーの世界的な不足が原因で、ニッカは会社の将来が危ういとしている。年数が増えるにつれてウイスキーが力強くなっている様子を味わうのはすばらしい体験なので、これは残念な事態だ。これはグーズベリー、ルバーブ、ココアの香りに続き、甘いフルーツが現れ、さらに切れ味の鋭いコショウのようなスパイスが楽しめる。

アルコール度数

45%

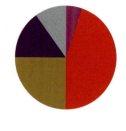

宮城峡 15 年

宮城峡のモルトウイスキーがとうとう完全に熟成し、その最高の姿を見せてくれている。オークとシェリーがふんだんに感じられ、スペイサイドの卓越したウイスキーである「ロングモーン」に匹敵する。甘く爽やかですっきりとしたウイスキー。リッチでプラムのような風味があり、缶詰のモモや洋梨、レーズン、ココア、バニラ、それに甘さも現れ、さまざまな要素が展開するが、中心にあるモルト風味によって全体の調和が取れている。

アルコール度数

45%

風味の要素 ▶   ピート ●   フルーツ ●   ウッド ●   スパイス ●   シェリー ●

ニッカ
宮城峡 1989 シングルカスク

———

多くの日本のウイスキーは繊細で洗練され、上質で神秘的だが、これは例外だ。力強く攻撃的な味わいを見せる。シェリー風味のモルトの傑作で、湿った森の香りと快い渋みのノートがある。色で表現するなら栗色、季節なら秋のようなウイスキーだ。

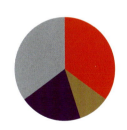

アルコール度数
60%

ニッカ
余市 1991 シングルカスク

———

余市蒸溜所で造られたウイスキーだが、蒸溜所のトレードマークであるオイリーでスモーキーなウイスキーの特徴を覆している。これほど爽やかで甘くてフルーティーなウイスキーは他にないだろう。円形図は力強いフルーツを示しているが、たっぷりとした風味のバラエティーはこれでは表現しきれず、キャンディー、バニラ、バナナ、タフィーの香りに続いて、甘くフルーティーなソーダ、それにブラックカラントの味わいが感じられる。そしてさらにスパイスが続く。

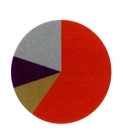

アルコール度数
58%

125

山崎 10 年

日本のウイスキーの中で最も親しみやすい銘柄として広く知られていて、主にホワイトオークの樽で熟成することに由来する甘さがある。軽く飲みやすくて多彩な風味があり、フルーティーでおいしいウイスキーだ。爽やかで甘く、やわらかいバナナ、ふわっとした果肉のリンゴ、メロン、甘いスパイスが感じられ、余韻にはバニラとタフィーが続く。入門レベルのウイスキーとしては超絶技巧の演奏を見せてくれる。

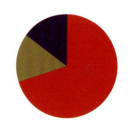

アルコール度数

40%

山崎 12 年

これほどジューシーなウイスキーは他にないだろう。偉大で甘美なモルトが口の中に行き渡り、そこから立ち去ろうとしない。3種のフルーツスムージーを混ぜ合わせてアルコールを加えたようなと言えば、想像できるだろうか。他にも、磨かれた木と松の木の香りや、長く楽しく、かすかに踊るような余韻など、さまざまな要素が楽しめる。

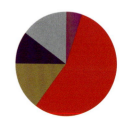

アルコール度数

43%

風味の要素 ▶ ピート ● フルーツ ● ウッド ● スパイス ● シェリー ●

山崎 18 年

世界で一番アイコニックな18年物ウイスキーのひとつであり、そして世界で一番アイコニックなウイスキーのひとつともいえる。入手は困難で、供給不足のために値段が跳ね上がった。ウイスキーの真のスターであることを考えれば驚くべき事態ではない。オールラウンドな風味があり、甘く、マンゴーやキウイ、トロピカルフルーツをはじめとするフルーツの盛り合わせが、スパイスとウッドに包まれている。際立つキノコのノートが続き、魅力的な湿った森の香りとウッドの余韻で終わる。

アルコール度数

43%

山崎 25 年

このウイスキーがまだ簡単に入手できた頃、「日本のウイスキーはスコットランドの真似事に過ぎない」と言う一部の人たちの格好の証拠となっていた。コクがあり、格式を感じさせるシェリー風味のウイスキー。日焼けした木の風味と、濃密な赤いベリーとブラックベリーのようなシェリー風味が特徴の25年物のスペイサイドといっても通用する。これら2つの特徴が、日本のウイスキーらしさを埋没させてしまっている。まるで目立つトリビュートバンドのようにすごい演奏だが、結局そこには個性が感じられない。

アルコール度数

43%

山崎 1984

2009年、山崎蒸溜所がシングルモルトを造り始めてから25年になるのを記念した傑作で、すばらしい原酒の組み合わせが大胆な個性を見せ、他のどの山崎とも驚くほど異なっている。繊細なスパイスとウッドのノート、それにお香も感じられ、リッチなダークチョコレートとチェリーの余韻が続く。コクがあり、甘くスタイリッシュな味わいのウイスキー。

アルコール度数

48%

山崎 1993

近年、「山崎1993」が2樽分、海外に輸出された。フランスの小売・輸入業者のラ・メゾン・デュ・ウイスキーは、卓越したシェリー風味の樽の「山崎1993」を仕入れ、すばらしいという評判だった。しかし、これも実際には意外な味だった。もしもこの銘柄を見つけて味わうチャンスがあれば、ボトルを何度も確かめたくなるだろう。かなりの当たり外れがあるのだ。オイリーでピート風味が強く魚っぽいにおいの力強いモルトウイスキーである一方で、フローラルでバター風味とヒッコリー、シトラスの味もある。驚くべきウイスキーだ。

アルコール度数

62%

風味の要素 ▶　ピート ●　フルーツ ●　ウッド ●　スパイス ●　シェリー ●

山崎 バーボンバレル

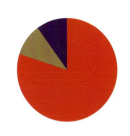

サントリーは近年注目を集めている。日本のウイスキー造りは複雑で、複数のスタイルのモルトをひとつ屋根の下で造っていることが多い。さまざまな酵母やスチル、また数多くの異なる種類の樽が原酒を造るために使われ、幅広い個性を持つモルトができる。そこでサントリーは、代表的な銘柄の「山崎12年」の一面だけを表現するようなウイスキーをいくつか発売してきた。このウイスキーは、タフィー、バナナスプリット、それにバニラアイスクリームといった甘さにフォーカスしている。

アルコール度数
48.2%

山崎 1979 ミズナラオークカスク

ミズナラは日本に自生するオークの一種で、日本のシングルモルトの一般的な特徴とされる繊細でスパイシー、お香のような香りをもたらすと言われている。とはいえ、「山崎1979ミズナラオークカスク」は、繊細さとはほど遠い。アルコール分が多く、コショウ、土の香り、それにウッディーな風味があり、全体にバランスが取れている。ヘビースモーカーや、ステーキをウェルダンで焼いてホットチリソースで食べるのが好きな人に好まれそうだ。日本らしさを反映しているウイスキーとはいえず、ミズナラのウイスキーには他にもっといい例がある。

アルコール度数
55%

129

余市 10 年

余市は日本の最北の蒸溜所で、かなり緯度が高い。雪がたくさん降り、海の向こうはロシアという北海道の小さな町にある。ここで、ニッカは重厚でピート風味に富み、オイリーな卓越したウイスキーを造っている。しかし、このウイスキーの特徴はそれにとどまらない。缶詰のフルーツ、塩気、そして際立つシェリーのノートが現れる。入門レベルの偉大なウイスキー。手に入るうちにぜひ試してほしい。

アルコール度数

45%

余市 12 年

シェリーとピートを組み合わせておいしいウイスキーを造るのは、最も難しい課題のひとつだ。それはまるで空中ブランコのような曲芸であり、リスクが大きい分、成功したときの喜びも大きい。成功例がこのモルトで、ピートとシェリーが前面に躍り出て、リンゴ、バニラ、ドライフルーツが背景を彩る。ナイフのような切れ味だが、見事な調和を見せた後に、フルーティーでピート風味に富んだ余韻が残る。すばらしい。

アルコール度数

45%

風味の要素 ▶   ピート ●   フルーツ ●   ウッド ●   スパイス ●   シェリー ●

余市 15 年

諸外国のウイスキーと比べて個性が際立つ日本のウイスキーは少なくないが、これはその好例だ。驚くほど多彩な風味が楽しめ、舌はそれらを探り当てるのに忙しく、他にはない個性がある。香りはささやくように控えめなフローラルで、舌に載せるとシェリーとスモークが迫ってくるが、背景には塩とコショウ、ヒッコリー、クローブ、タフィー、煮込んだアンズ、それに洋梨が現れる。まるでジャズバンドの演奏のようなウイスキー。

アルコール度数

45%

余市 20 年

このすばらしいモルトについて、私は2回テイスティングノートを作った。最初のテイスティングノートは、ポジティブではあるが抑制のきいたものだった。2回目は、「これは世界で最も優れたウイスキーのひとつだ」という一文で始まる。私は日本のウイスキーにすっかり魅惑されたらしい。とっつきやすくはない。オイリーでナッツとピートの風味、アルコール分が多く、土のようなノート、ダークチョコレート、糖蜜、バーベキューの魚、それに海の潮気を含んだ霧が現れる。一生のうちに飲むことのできる最高のウイスキーのひとつだ。

アルコール度数

52%

日本のブレンデッドウイスキーとブレンデッドモルトウイスキー

響 12 年

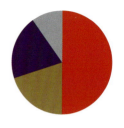

響のシリーズはそれだけで、日本のウイスキーが確固たるアイデンティティーを持つことを示す証拠になる。このウイスキーは他の響とは一線を画し、サントリーの歴史を築いた礎石のひとつを思い起こさせる。同社はアメリカンオークの樽で熟成させた梅酒を生産して人気を得ている。このウイスキーは梅酒樽で仕上げられているため、酸味のあるフルーツ、バニラ、そしてわずかに甘いスパイスがきいた夏の爽やかな飲み物を思わせる。見事なウイスキー。

アルコール度数
43%

| BLENDED |

響 17 年

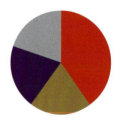

最も有名な日本のウイスキーのひとつで、大量の受賞歴を誇り、それに値する価値を持つ。響は日本語でハーモニーを意味し、風味に妥協することなくハーモニーを実現している。豊かでフルーティー、スパイシーであると同時に、優美でまろやかさもある。エキゾチックフルーツ、チェリー、メロン、完熟していないバナナ、赤いベリー、バニラなど多彩な風味が現れる。卓越した円熟を見せる重量級チャンピオンだ。

アルコール度数
43%

| BLENDED |

風味の要素 ▶　ピート ●　　フルーツ ●　　ウッド ●　　スパイス ●　　シェリー ●

響 21 年

「ウイスキーマガジン」が2015年、真価を認めてワールズ・ベスト・ウイスキー賞に選んだウイスキー。繊細な香り高いスパイスはミズナラに由来し、ベリーとオレンジのコンポートのノートはシェリー樽から、それになめらかさとコクはグレーンウイスキーからもたらされる。さまざまな風味がしっかりと凝縮されて、磨き上げられた教会のベンチに収まっているかのようだ。まさに最高位に君臨するウイスキー。

アルコール度数

43%

BLENDED

北杜 12 年

「北杜12年」は神秘に包まれている。ウイスキー評論家のジム・マリーによれば、「特定されていないモルト」と分類されるが、メーカーは「ピュアモルト」と呼んでいるので、複数の蒸溜所で造られたモルトで造られていると結論づけてよさそうだ。サントリーの製品なので、山崎か白州で造られているのだろう。いずれにせよ、個性的で魅力的だ。香りは埃っぽい木の削りかすと煮込んだフルーツ。舌に載せると、プルーン、ペタルウォーター、そしてシャーベットが現れ、ペッパーとオークの余韻が残る。

アルコール度数

40%

ニッカ
竹鶴 ピュアモルト 12 年

日本は世界で最もヴァッテッドモルトの生産量が多く、ニッカのピュアモルトのシリーズは、日本の成熟したウイスキー造りのスタイルを知らない人の入門に最適だ。品不足と価格上昇のプレッシャーにもかかわらず、これらは比較的求めやすい価格に抑えられている。「ニッカ竹鶴ピュアモルト12年」はとてもおいしいウイスキーで、糖蜜、ソフトタフィーも感じさせるが、ダークチョコレート、唐辛子がメインで、余韻にはピーマンを感じさせる。

アルコール度数
40%

VATTED/PURE/
BLENDED MALT

ニッカ
竹鶴 ピュアモルト 21 年

これはシリーズの最高傑作で、しかも他を突き放している。香りは際立って日本的で、お香とキノコの香りがする。舌に載せると土のような、またピートかシェリーカスクの硫黄に由来すると思われる田園風の風味を背景に、リコリス、バニラ、ベリーのフルーツが現れる。樽に由来するスパイスとなめし革のような渋さが全体を見事にまとめあげている。卓越したウイスキーだ。

アルコール度数
43%

VATTED/PURE/
BLENDED MALT

風味の要素 ▶　ピート　●　フルーツ　●　ウッド　●　スパイス　●　シェリー　●

ニッカ
ピュアモルト ブラック

———

日本でもヒットしたハッピーエンドの映画『スパイナル・タップ』の言葉を借りれば、この上なくブラックだ。濃厚な香りには、ホースチェスナット、湿った木の葉、それに糖蜜が含まれる。舌に載せると非常に気分屋で、ピートの霧にはダークチェリー、トローチ、缶詰のモモ、オレンジ色のフルーツが代わるがわる姿を現す。こうしたむら気とは対照的に、甘いフルーツと風味豊かなスパイスを感じさせる余韻は驚くほど繊細だ。

アルコール度数
43%

ニッカ
ピュアモルト レッド

———

姉妹品のブラック（前項）よりも軽く明るいウイスキー。2つの側面が際立ち、それぞれが代わりばんこに現れる。ひとつの側面は、バニラ、カカオ分の高いチョコレート、エキゾチックフルーツ、焦がしたオーク。もうひとつは、オリーブオイルをたっぷりかけた香り高いドイツ風ソーセージのように重い。この2つの面は合わなさそうだが、ウイスキー界のサイモン&ガーファンクルともいうべき存在で、2つの不協和音が結局のところ見事な調和を見せる。

アルコール度数
43%

135

ニッカ
ピュアモルト ホワイト

これらのピュアモルトを飲むのは非常に愉快な体験だった。サンプルを味わってがっかりすることもあれば、心が舞い上がることもあった。そして、この「ニッカ ピュアモルト ホワイト」のように、「ウイスキー評論家は世界で最高の仕事だ」と実感させてくれることもある。コクがあり甘く、豊かなピート風味があり、リッチでオイリー。ハートにはバーベキューの鱒と海辺の香りが貫いている。ハートは洗練されていて、繊細なお香のようなスパイシーさと快いオークのノートが楽しめる。たぐいまれなウイスキーだ。

アルコール度数

43%

スーパーニッカ
レアオールド

前触れもなく突然現れて消えていった変わり種。注意したいのは、ラベルに載っている宣伝文句ではスムーズブレンドとうたっていること。事実は正反対で、そしてすばらしい味だ。オークのノートが響き、舌の上では威勢よく主張する。ピートで口の中を突き刺し、シェリーのフルーツで包み、たっぷりとスパイスを散りばめる。

アルコール度数

45%

BLENDED

風味の要素 ▶　ピート　●　フルーツ　●　ウッド　●　スパイス　●　シェリー　●

ニッカウイスキー
フロム・ザ・バレル

ブレンデッドウイスキーは、さまざまなモルトウイスキーやグレーンウイスキーをブレンドして造られる。モルトの量が全体の味に大きな影響を与え、それが最大限になったのがフロム・ザ・バレルだ。すばらしい味わいでコクのあるウイスキーは、ストレートで真価を発揮する。シェリーとオレンジマーマレード、焦がしたオーク、繊細なスパイス、そしてシトラスとトロピカルフルーツが現れ、焦がした埃っぽいオークで終わる。魅惑的なウイスキー。

アルコール度数
51.4%　　BLENDED

ニッカ
竹鶴 ピュアモルト

2015年と2016年に、ニッカが市場から年数表示のあるウイスキーを引き揚げるのにあたって代わりに発売したヴァッテッドモルトで、「ピュア」とうたわれているが、スコットランドの規則ではこのウイスキーには使えない用語だ。余市と宮城峡のモルトを含むウイスキーは、おいしいが、やや生彩を欠くところはあるかもしれない。快い土のような香りでほとんどキノコのようなノート。シェリーが背景に感じられ、ささやくようなスモーク、それにプラムとアンズが現れる。甘く、まろやかで、豊かで、均整の取れたウイスキー。

アルコール度数
43%

137

CHAPTER

5 / 五

FIVE

第 5 章

日本の
ウイスキーの興隆

The Rise of Japanese Whisky

こ れまで見てきたように、日本は複雑なウイスキー造りの設備を備えた蒸溜所、豊富なバーやレストラン、そして洗練されたおもてなしの文化を誇る。さらに日本人は世界中のお酒に深い興味を持っていて、スコットランドとアイルランドのウイスキー、バーボン、ラム、ブランデーを幅広く輸入していることから、日本の飲酒文化は活気と多様性に富んでいる。

日本のウイスキーメーカーはスコットランドの青写真を採用し、革新と実験、それに最高の原材料への投資を重ねて、日本人の舌に合うように発展させてきた。したがって、2001〜15年に状況がすっかり様変わりしたことについて、1章を割いてヨーロッパ人たちの功績を認めるのは、偏屈であるばかりか西洋至上主義だという批判もあるかもしれない。しかし、日本はスコットランドにインスピレーションを求め、20世紀末までは飲みやすく大量消費に向いているブレンデッドウイスキーに全力を注いでいたというのが実情だ。業界がシングルモルトに注意を向けるようになっ

ても、日本ではそれに気づく人はほとんどいなかった。偉大なウイスキーライターだった故マイケル・ジャクソンは、カナダ国境で「カナダにはすでにウイスキーライターがいるから」という理由で入国を止められた逸話を語っている。「傲慢に聞こえるのを承知で、『私がカナダのウイスキーはおいしいと言った方が、カナダ人のウイスキーライターがそう言うよりも、信ぴょう性があると思いませんか』と応じました」

日本のウイスキーにとってのジャクソンのような存在であるジム・マレーやデーヴ・ブルームが日本のシングルモルトを称賛すると、人々は耳を傾け、そして探求を始めた。日本のウイスキーメーカーは、ゆっくりと確実に、火を点けるのに必要な準備をしていたが、西洋人たちがマッチを擦って、炎に空気を送り込んだのだ。ここでは、革命の目撃者であり、日本のウイスキーを西洋人が飲むようになるまでに重要な役割を果たしてきた人たちの意見を紹介する。

目撃者

MARCIN MILLER マーチン・ミラー

「日本のウイスキーの発展の基礎となる役割を果たすことになったのはどうしてですか」とマーチン・ミラーにたずねると、タイミングのおかげだと答える。実際その通りではあるのだが、タイミングはさまざまな要因に左右される。またミラーの表現によれば、彼は幸運に恵まれた。しかし、客観的に見れば、プロの釣り師が記録的な大きさの魚を釣るときと同じような種類の幸運だということがわかる。長い時間をかけて準備し、集中して観察し、最良の装備をそろえて、適切な時に適切な場所にいた結果に訪れる種類の幸運である。ミラーが魚を釣り上げられたのには、もっともな理由があったのだ。

ミラーは、ウイスキー的な言い方をすれば、多彩な要素で構成されている。ミラーは「ウイスキーマガジン」を創刊した初代編集長であり発行人で、1990年代末にビジネスパートナーとともに同誌を立ち上げた。ウイスキーの世界、とりわけシングルモルトの世界への興味は、当時はまだ小さかったが大きくなりつつあり、その波に乗った。彼は「ウイスキーマガジン」のフェスティバル「ウイスキーライヴ」の共同創始者でもあり、その最初の開催都市に東京を選んだひとりでもある。「ウイスキーマガジン」で得点数の高いウイスキーを、世界中の有力なウイスキーライター、ディスティラー、小売業者によって審査するイベント「ベスト・オブ・ザ・ベスト」の立ち上げにもかかわった。2001年の初回で日本のウイスキーが選ばれ、ウイスキーの世界をあっと言わせた。

ミラーはナンバーワン・ドリンクス社の創業者・コーディネーターでもある。同社は2006年、閉鎖された羽生蒸溜所に残っていた在庫のオーナーとなった肥土伊知郎がモルトのカードシリーズを発売した頃に設立され、それらのウイスキーを海外に輸出する。軽井沢蒸溜所の在庫が売りに出されるとそれをすべて買い取ったのもミラーだ。軽井沢は今では何万ドルもの値段が付き、世界で最も求められているウイスキーのひとつだ。

さらに、肥土伊知郎はナンバーワン・ドリンクス社の売り上げを通して得られた収益を使って秩父蒸溜所を建てたが、ミラーは肥土と協力関係を築いている。ウイスキーはナンバーワン・ドリンクス社がディストリビューターとして販売され、棚に置かれる

あなたが飲んでいる
ウイスキーは？

———

余市 10年
最初に飲んだ日本のウイスキーというのは忘れがたいものです。

軽井沢 1981 シングルカスク#103
ナンバーワン・ドリンクス社が初期に瓶詰めして売り出したシングルカスクのひとつで、見事にがっしりとしていてピートの余韻が楽しめます。

響 17年
ブレンダーの技が生きていて、完璧なバランスが見られます。

**イチローズモルト カードシリーズ
エース・オブ・ダイヤモンズ**
このウイスキーには数々の良い思い出があります。

イチローズモルト 秩父 オン・ザ・ウェイ
将来が有望であることを示してくれています。

日本のウイスキー業界の発展に重要な役割を果たしてきたマーチン・ミラー

やいなや売り切れるという人気ぶりだ。

「もしもあの頃にわかっていればね」とミラーは、過去に起こった大きな変化を振り返って、冗談めかして言う。でもわかっていたでしょう？ 少なくとも、予想はしていたのではないでしょうか。「いいえ、本当にタイミングが良かったんです」と彼は言う。「2006年にナンバーワン・ドリンクス社を設立したのは、イチローの祖父が設立した羽生蒸溜所のシングルカスクをカードシリーズとして彼が最初に発売した時とほぼ時期が重なります。2004年の取り壊しを前に蒸溜所が閉鎖された2000年、イチローは残っていた樽を救い出しました。イチローにとって、自分の蒸溜所を設立することは長年の夢で、2008年、家族が1625年から日本酒を造り続けてきた町で、秩父蒸溜所を建設してその夢をかなえました。軽井沢では、私はスタンダードの製品のすばらしさにまず驚いたのですが、とりわけビジネスパートナーのデヴィッド・クロルとともに試飲するチャンスに恵まれた樽のサンプルには大きな感銘を受けました。蒸溜所を訪ねた時、何年もの間ウイスキーを造っていなかったことは明らかで、思い切って全体を買い取るべきなのではないかと悩みました」

誰しも同じことを考えるだろう。とにかくミラーは日本のウイスキーにまつわるストーリーの各段階で最前列にいた人物なのだ。しかし驚くべきことに、最初に東京行きの飛行機に乗った時には、日本のウイスキーを味わったことはなかったという。

「そのころはまだ一度も飲んだことはなかったはずです」と彼は言う。「全く無知の状態で日本に上陸したのに、帰途につく頃にはすっかり魅了されていました。『ウイスキーマガジン』が1990年代終わりに立ち上げられると、私たちは日本語版を作り、東京でウイスキーライヴの設立記念の試飲イベントを開催したいと考えました。日本はかねてからウイスキーの重要な市場と見なされていましたし、私はよく知っているウイスキーと未知のウイスキーの間にある類似点と違いに大きな魅力を感じていたのです。

ウイスキーライヴ東京は、最初のロンドンでのイベントのいわば予行演習というのが実際のところでした。とはいえ、日本のバージョンもパリ版と同様、共同企画として成長しているのはうれしいことです。

続いて、私はジム・マレーとともに、また故マイケル・ジャクソンとともに日本を訪れ、彼ら、および寛大にもて

なしてくれたサントリーとニッカのおかげで、多くを学びました。のちにはデーヴ・ブルームも度重なる機会に（時に注文の多い）教師となり、理想的な旅仲間になってくれました」

2000年当時、日本のウイスキーが未知の存在で、熱心なウイスキー愛好家の間ですらほとんど知られていなかったことは、今では想像しがたい。

「日本のウイスキーについての人々の意見は、私も含めて、2000年初頭までは全くの無知に基づいていました」とミラーは言う。「日本のウイスキーを飲んだことのない人

左 軽井沢蒸溜所のウイスキーのボトルは、オークションで何千ドルもの値がついている（121ページ参照）
下 ウイスキーライヴ日本版
試飲とセミナーが行われるウイスキーライヴは、今では世界中に広がったが、初回は東京で開催された

A Great Night Out
日本でお気に入りのスポット

東京、京都、大阪、それに他の都市に、ウイスキー好きな地元の人たちの案内で行くのが大好きです。すばらしく魅力的なバーが多数あり、5、6人のグループでも気軽に入れて、それぞれに個性があります。ショットバー ゾートロープはそのひとつ。コメディ俳優ロスコー・アーバックルのサイレント映画がループで上映されているうえ、すてきな音楽がかかっていて、望める限りの日本のウイスキーがそろっていますし、おいしい「箕面ビール」を1、2杯楽しむのも良いものです。

が、大胆にも意見を述べていたのです。それでも比較的若い世代は既成概念から自由で、その結果実験精神も旺盛な傾向にありました。ウイスキーブロガーのデーヴ・アルコックのコメントを思い出します。『世の中には、日本のウイスキーのファンと、それをまだ一度も飲んだことのない人とがいる』という内容のことを彼は述べました」

日本のウイスキーに対する興味が高まった様子は、2000〜16年の間に起こったさまざまな出来事でたどることができるとミラーは言う。「日本のウイスキーがマスコミによく取り上げられるようになったことが、ひとつの要因でした。『ウイスキーマガジン』のベスト・オブ・ザ・ベストの試飲会で、ニッカの成功が最初に来て、その後サントリーが続きました。モルトマニアック賞、『ジム・マレーのウイスキー・バイブル』、それに一般的なカテゴリーでも消費者がウイスキーに興味を持つようになったこと、ソーシャルメディアの誕生と普及も要因となりました。

ジム・マレーは長年ニッカのコンサルタントを務め、これが世間の注目を集めるのに役立ちました。過去10〜15年で日本は国産ウイスキーに自信を持つようになり、過去にない強いアイデンティティーを獲得したのは確かなことです」

未来については、ミラーはまだわからないと言う。在庫不足の問題はよく語られている通りだが、日本で新しい蒸溜所を設立することの難しさと、新世界の蒸溜所が発展してきていること、それに熱狂的なウイスキーファンは好奇心が強いことから、日本から潮が引いていくという可能性もあるのだ。

「ウイスキー製造免許を取得するには、許可が下りる前に蒸溜所をすでに建設済みで、すべての設備を整えて、スタートボタンを押す準備ができていないといけないのです。これには明らかにリスクがありますから、多くの人が躊躇してしまいます。それに、日本は起業家の国とはいえないでしょう。

現在のところ、たとえばアメリカで過去数年間見られたようなクラフトウイスキーの流行が日本にも起こることはないと思います。将来は、興味深いところです。熟成したウイスキーの在庫が不足していることから、日本のウイスキーのファンは長年待つことができるか、あるいはそれ以外に目を向けてしまうでしょうか。シングルモルトの愛好家は、そもそもあれこれ飲んでみたい人たちですから、他のウイスキーに目を向けることも十分予想できます。一方で、日本で他の蒸溜酒が生産されるようになり、日本人に人気が出る可能性もあります。少量生産の蒸溜所が建設されているのを知っていますし、日本製ジンが誕生するうわさも聞いています」

目撃者

CHRIS BUNTING クリス・バンティング

批評精神のきいた良質なブログサイトの好例でもあるのが、日本のウイスキーをテーマとした「Nonjatta」。少数の熱心な愛好家のグループによって運営されていて、熱っぽく、パーソナルに、なおかつプロフェッショナルに日本のウイスキーを扱っていて、隅々まで情熱が行き渡っている。網羅的かつ信頼できる内容で、道なき道を行って世界中のウイスキーとその業界を探求し、気が向けばウイスキー以外の日本のお酒についても扱うことを恐れない。そして、それは正しいやり方だ。「Nonjatta」はジャーナリスト、クリス・バンティングのアイデアで始められた。彼は偶然日本のウイスキーを発見し、ウイスキーに限らず他のすべてのお酒も含めて日本の多様でエキサイティングな飲酒文化に情熱を持つようになった。

「私が日本に行ったのは2005年、妻が日本の大学で仕事をオファーされたのがきっかけでした。それまで、私はイギリスでさまざまな全国紙の仕事をしながら忙しい日々を送っていました。それが突然、日本の地方都市で小さな子どもの面倒を見ながら暮らす生活になったのです。私が日本のウイスキーと恋に落ちたのは、その頃、地元のスーパーに出かけた時のことです。妻は海外の学会に出張中で、私は息子と買い物をしていました。売り場の棚に日本のシングルモルトを見つけました。ワイン1本をひとりで開けるのはちょっと悲しいけれど、子どもが寝た後にエキゾチックなウイスキーを飲むのは悪くないなと思ったのです。その時飲んだのはサントリーの白州シングルモルトで、それは本当にすばらしいウイスキーでした。数日後、私はブログ『Nonjatta』を立ち上げ、日本のウイスキーを探求し始めたのです。すぐにかなりの読者が付き、こうして、私はお酒について書くようになり、日本のウイスキーをがぶ飲みするようになったというわけです」

バンティングはさまざまな日本のお酒を探求するようになった。しかし、西洋のウイスキー愛好家たちが他のどこかへ発見の旅を始めている間に、たちまち日本のウイスキーの星は空に昇ったが、日本国内では正反対の状況でした。

「2001年以降、日本のウイスキーの人気は、少なくとも国内の大量消費向け製品においては、状況が悪化していました」とバン

あなたが飲んでいるウイスキーは？

———

イギリスで飲めたらなと思うウイスキーを紹介しますが、実際にはこの多くが希少であるか高価なために入手困難になっています。

余市 15年 シングルモルト
煮込んだフルーツ、マーマレード、コーヒーのノートがある余市のクラシック。

白州 12年 シングルモルト
甘さとコショウの風味のバランスが大好きです。

白州 （年数表示なし）
「白州12年」が大好きだったのですが、イギリスではこちらの方が入手しやすくなりました。白州の特徴である軽やかで甘く、ハーブのような風味が表現されています。

山崎 1984 シングルモルト
私が飲んだことのある日本のシングルモルトの中で最も印象的です。ミズナラの樽のユニークな影響を受けていて、穀物とバニラの基礎の上にバターとナッツ、それにかすかな松が、すばらしいバランスです。

上端 1929年に発売された日本で最初のウイスキー、サントリーの「白札」

上 大阪の十三トリスバー。日本に残る唯一のトリスバーで、2014年3月に焼失するが、幸いにもその後再開した

ティングは言う。「ウイスキーの日本国内の消費量は、1990年代の末から2009年まで、毎年減り続けていました。しかし、サントリーの広告キャンペーンが、過去にウイスキーメーカーが長年かけて取り組みつつ失敗してきた試みによつやく成功し、ファッショナブルな女性たちを中心としたポストバブル世代の若者たちにウイスキーが売れるようになったのです」

彼は続ける。「ウイスキーは第二次世界大戦後の経済成長期、日本人が最もよく飲むお酒でした。それは当初、西洋の占領軍や戦前のエリートたちだけが独占する洗練のシンボルでしたが、1960〜70年代には、日本のサラリーマン、そして彼ら（それはほとんど常に男性でした）が可能にした奇跡的な経済成長の象徴ともいえるお酒になりました。2000年代初めまでに、ウイスキーはまさにこうしたイメージのおかげで、ひどく時代後れのお酒になってしまったのです」

ウイスキーが大量消費用の製品としての人気をすっかりなくしたちょうどその頃、日本以外の国では日本製品の質に目覚めつつあったと、バンティングは指摘する。日本のウイスキーは2000年代初めに数々の国際コンクールで圧倒的な勝利を収めたうえ、マイケル・ジャクソンら専門家が支持したことから状況は一変した。この頃、日本の高級ウイスキーが世界的に評価されたことは、国内市場での苦境を際立たせる結果となった。

「ここではっきり言わなくてはならないのは、国際的な『人気』は国内の販売量に比べれば大海の滴に過ぎないということです」とバンティングは続ける。「たとえばスコットランドやアイルランド、それにカナダのウイスキー業界は常に輸出を主なターゲットにしてきましたが、日本のウイスキーは今もなお、主に日本国内の消費者のために造られています。2000〜15年に、世界が突然、日本のウイスキーは実においしいので、手に入りにくい状況が続いているのは残念だという事実に気がついたというだけなのです」

すでにイギリスに帰国したバンティングは、日本の飲酒文化には近年大きな変化が訪れていると語る。「焼酎、泡盛、日本酒への興味が高まり、バーよりも家で飲む人がずっと増え、サラリーマン世代が重要でなくなり、酒造業界は若い女性を販売戦略の主なターゲットにしています」

バンティングは続ける。「この販売戦略が、ハイボール広告キャンペーンを生み出したことは間違いありません。泡盛、焼酎、日本酒への興味は、1980年代以来続いているもっと一般的な変化の結果で、安物のアルコールをがぶ飲みするのではなくおしゃれなブランドのお酒をたしなみ、本当に質の良いお酒を評価する傾向を反映しています。これは驚くべきことではありません。日本は

145

かつての攻撃的でやや無骨ともいえる働きづめの社会から、高度に洗練されたメディアと消費経済を備えた脱工業化した社会へと変貌を遂げました。消費者は商品の質を見極める目を持ち、そして日本のウイスキーの多くは、焼酎や泡盛、日本酒と同様、とても質が高いのです」

日本でウイスキーがひとりでに受け入れられるようになったわけではない。とりわけ上の世代の人たちは、スコットランドのウイスキーはおいしいが、日本のウイスキーは質が低いと考えがちだった。「私の義父は今も、良いスコッチこそが本物だと思っています」とバンティングは言う。「そして、それは彼が若かった1960〜70年代、日本の輸入関税の変動を理由に人為的に値段が吊り上げられていたジョニーウォーカーのようなブランドが、外国の洗練の象徴だったからです。今の若者たちは先入観を持たず、洗練されたメディアの報道でお酒についての知識を得ているうえ、全般的に業界を問わず日本製品について大きな自信を持っています」

バンティングの日本のお酒についての興味は、著書『日本を飲む──日本のおいしいお酒と飲める店のガイドブック（Drinking Japan：A Guide to Japan's Best Drinks and Drinking Establishments）』（2011年）の出版につながった。この本は、日本の飲酒文化のユニークな特徴を的確にとらえ、オフィスビルや裏通りにひっそりとたたずむ隠れ家的なバーを多数取り上げている。

「私が『Nonjatta』を立ち上げた少し後で、日本の洋書出版社のタトルと話をする機会があって、そのときに日本のお酒の文化について、誰も包括的なガイドブックを書いた人はいないということに気がつきました。その頃までに、日本酒や焼酎、泡盛といった日本古来のお酒の長い伝統と、19世紀末以降の日本の近代化で生まれた新しい伝統が融合して生まれた日本のお酒の文化が、本当に特別なものであることを確信するようになりました。

ウイスキー造りにおいては、そしてこれはある程度ワインやビール造りについても当てはまることなのですが、すでに確立している中心的な生産国と比べて、少なくとも同等の製品が造れることを、日本のメーカーは示してきました。しかも、今も昔も日本にはすばらしいバー文化があります。24時間眠らない大都市という表現が使われることがありますが、日本の大都市は本当に全然眠らないのです。このことを発見したのは、この本の取材のためにマラソン的なバーめぐりを何度かしたおかげです。東京、大阪、京都などの都市、それに日本中の各都市で、にぎやかな歓楽地域の裏道にすばらしいお店が多数あって、日本以外ではできないような飲み歩きができるのです」

バンティングによれば、日本の主要なウイスキーメーカーは、

上　250種のウイスキーをそろえ、高い人気を誇るショットバー ゾートロープのオーナー、堀上敦
右　映画制作の創成期に使われた円形の機械にちなんだ名前のショットバー ゾートロープは、日本のウイスキーの殿堂

より若く流行に敏感な世代にターゲットを絞って成功しているうえ、日本では輸出向けにかなりの量の高級ウイスキーを生産する計画が進められている。彼は、現在の傾向は退屈に見えるかもしれないと感じている。「ほとんど家にいないサラリーマンに代わって、おしゃれで、でもそれほどは飲まない若い消費者が登場した」からだ。

一方でポジティブな変化も生まれている。「ホステスバーが一世を風靡した1970年代の男性中心的な飲酒文化の衰退です。西洋人が想像するほどいかがわしい店だったわけではなく、ホステスはお酒を注いで、酔っぱらうお客さんに冗談を言うのが通常の仕事でした。それでもやはり、ホステスの人気が衰退したことで、バーとそこで出されるお酒に焦点が移りました。今では日本のバーは、良質のお酒を世界のどこにも負けないくらい幅広くそろえています」

それでは未来の見通しは？「近い未来か、その少し先の時点で、日本のウイスキーの質も量も、重要な輸出品として定着する時が来るのではないかと、漠然とした見通しを持っています。高度に洗練されたメーカーで、現在ウイスキーが熟成中です。これらのメーカーは重大なチャンスをつかむだけの営業力があり、しかも世界に通用するウイスキーが造れることをすでに実証しているのです」

A Great Night Out

日本でお気に入りのスポット

東京に着いて最初に行くのは新宿にある堀上敦さんのショットバー ゾートロープ。ここは日本のウイスキーが集まる家。サントリーやニッカが経営に関係しているバーとは違い、なんでもそろっています。堀上さんは驚くほど知識が豊富で、行くたびにいろいろなことを教えてくれます。バーそのものもクールで、ここで飲むのは楽しい体験です。

目撃者

STEFAN VAN EYCKEN　ステファン・ヴァン・エイケン

　もしもあなたが日本のウイスキーが好きで、熱狂的なファンであるステファン・ヴァン・エイケンとゆっくり話す機会があれば、嫉妬を感じずにいるのは難しいだろう。ステファンはこの世界では有名なウェブサイト「Nonjatta」の現在の編集長であり、知識が非常に豊富で、逸話と体験には事欠かない。それだけではなく、最も上質で最も希少な日本のウイスキー、それにかつて未知の存在で、今では失われてしまった伝説のモルトを飲んだこともある。2000年から日本に暮らし、たびたび日本の蒸溜所を訪れている。献身的な仕事ぶりと情熱、そして愛があってこそ、こうしたことが可能になった。しかし、彼自身が進んで認めるように、適切な時に適切な場所にいたということも、ある程度は貢献している。

　「2000年に日本に引っ越してきた時、私のウイスキー浸りの日々は終わったと思っていました。サハラ砂漠に越してきたサーファーみたいな気分だったのです」と彼は言う。「もちろん、事実はその正反対でした。でも当時、『日本のウイスキー』は、とりわけ日本においては、多くの人の興味を惹きつけるカテゴリーではなかったのです。日本のウイスキーを発見したのがいつだったかははっきり覚えていないのですが、最初に訪れた日本の蒸溜所が軽井沢だったことははっきり記憶しています。ウイスキーにも場所にも、すぐに恋に落ちてしまい、その後たびたび訪れました。徐々に、スコットランド以外にもウイスキーの世界があることに気がついたのです。日本で出会う国産ウイスキーの質の高さに私はすっかり気分が高揚すると同時に、世界の他の場所で日本のウイスキーが冷遇されている状況に少なからず困惑するようになりました」

　こう聞くと驚かずにはいられない。軽井沢蒸溜所は閉鎖され、その後、スコットランドでやはり閉鎖されたポートエレンやブローラに匹敵するほどのほとんど伝説的なステータスを築き上げ、そのウイスキーは数千ドルの値をつけている。そんな軽井沢蒸溜所が、操業していた頃は誰でも気軽に見学できたというのは信じがたいが、驚くべき事実はそれだけではなかった。

　「軽井沢の状況をブームのずっと前から見ていましたが、日本で軽井沢のウイスキーがふんだんに売られていた頃は、ほとんど

あなたが飲んでいる
ウイスキーは？

――――

難しい質問ですが、順不同で下記を挙げます。

軽井沢 1964
蒸溜所の歴史を網羅するさまざまな軽井沢を味わう幸運に恵まれてきましたが、私が個人的に一番好きなのがこれです。

ザ・ニッカ 40年
すばらしいブレンド。

山崎 1986 オーナーズカスク
2007年に名古屋のバー・バーンズのために瓶詰めされたウイスキー（ミズナラ樽で熟成）。

秩父 ニューボーン 2009 ヘビリーピーテッド
ウイスキートーク福岡のために瓶詰めされたウイスキー。

川崎 1980 シングルカスク グレーン
私が自身の「ゴーストシリーズ」のために瓶詰めしました。

サントリー本社で、山崎の古い樽で作られた家具に囲まれて、「山崎18年」のグラスを手にするステファン・ヴァン・エイケン

誰も興味を持っていなかったのです」とステファンは言う。「蒸溜所から好きなビンテージを選んで、通信販売で直接取り寄せることだってできました。スタッフが樽から瓶詰めして、ラベルを貼って、送ってくれたのです。海外のウイスキーファンが古いマッカランのために貯めておいた金額を軽井沢のウイスキーに支払うようになって、日本のウイスキーファンが慌てて財布を取り出すようになったのです。皮肉なことに、日本のウイスキーファンがその動きに続こうとした頃には時すでに遅しで、在庫はすべてナンバーワン・ドリンクス社が買収し、大部分が外国のディストリビューター3社に分けられてしまいました」

ステファンによれば、信じがたいことに、今ならまたたく間に売り切れてしまう日本のウイスキーのシングルカスクが、何か月も何年も店頭に並んでいたという。初期の「イチローズモルト カードシリーズ」発売当時に何本か買った頃は、「酒屋の店先にずいぶん長いこと置かれていたせいで、ラベルは文字通りはがれかかっていました。5年前まで、白州や山崎のシングルカスクをいつだって買うことができたのです。全国に支店のある大型電器店ですら、長年にわたってさまざまなシングルカスクを十数種ほどそろえていました。今もしもシングルカスクが売り出されるとしたら、店の前にテントを張って並ぶ人たちがいるでしょう」。

では何が変わったのだろうか。ステファンが言うには、日本のウイスキー消費者の興味を引くには、西洋の専門家が注目することが必要だったという説には、少なからず真実が含まれているという。「美術の世界のアナロジーが頭に浮かびます。アーティストや作品が認められるまでには、海外でその価値が認められる必要があり、それでようやく国内で影響力と勢いを得るようになることが多いものです」と彼は言う。「海外で認められたということが、日本人の心を変えるうえで大きな役割を果たしたことは間違いありません」

ステファンはこの変化を語るうえで、3つの決定的な出来事があったと振り返る。「最初は海外での出来事です。2001年、『余市10年シングルカスク』が『ウイスキーマガジン』のベスト・オブ・ザ・ベストを受賞しました。これが、多くの『本格的な』ウイスキーファンの地図上で日本が存在を認められるきっかけになったのは間違いありません。2つ目の出来事は、2006年のナンバーワン・ドリンクス社の設立です。日本ですら入手が困難な、価値の高い日本のウイスキーを海外の市場に供給するうえで、重要な役割を果たしました。3つ目の出来事は日本国内の変化で、2009年、サントリーがハイボールをビールに代わる飲み物として宣伝し始めたことです。これが現在の『ハイボールブーム』のきっかけと

なりました。ウイスキーの消費量がピークに達した時（1981年）以来初めて、サントリーは消費量の急速な落ち込みを増加に転じることができたのです」

サントリーは自信を持って指揮を執り、日本のウイスキーの国内市場での運命を変えるうえで偉業を成し遂げた。その成功ぶりを受けて、日本の需要に応えるために、イギリスの在庫を一時日本に逆輸入したほどだ。日本人は伝統的にすばやく順応する能力があるので、サントリーとニッカが在庫と価格の問題を解決するために尽力して日本のウイスキーの未来を確実なものにすることは間違いない。ステファンは、両社が成功すると信じているが、将来の課題に真っ向から取り組む必要があることも警告する。

「日本のウイスキー業界は、手に負えなくなってしまった価格と質の問題を解決しなくてはなりません」と彼は言う。「3年物のウイスキーに150ユーロ（約1万8,000円）、年数表示のない『特別限定版』に400ユーロ（約4万9,000円）出さなくてはならないとしたら、その上の10年物にはいくら払う必要があるのでしょう。どんなにおいしいとしても、結局のところお酒にすぎないですし、同じくらいの品質のお酒はほかにもあります。メーカーは、市場が耐えうる限界まで価格を引き上げるでしょうが、苦労して稼いだお金を『誰もが求める』ボトルを手に入れるために費やす人がたとえ今は十分にいるとしても、人が進んでそうする金額には限界があります」

それでは全般として未来はどのようになる？「日本のウイスキーの未来を予想しようとするのはあきらめました」。でも、「Nonjatta」を定期的にチェックする価値はある。もしも船の舵を取る人がいるとすれば、それはステファンと仲間たちをおいてほかにいないのだ。

ミズナラ樽で熟成させたウイスキーの希少な限定版「山崎1986オーナーズカスク」

A Great Night Out
日本でお気に入りのスポット

カスクストレングス、ウォッカトニック（160ページ参照）、ネ・プラス・ウルトラ、ホワイトラベルなどのバーは、サマローリ、セスタンテなど伝説的なスコッチのオールドボトルが他にない価格で飲めるのでお気に入りです。数日前もこのうちの1軒で、「ハイランドパーク1956」を1杯、テイクアウトのピザLサイズ1枚分の値段で飲むことができました。とはいえ、新しめのボトルをあれこれ楽しめるバーも好きです。ジェイズバー、モルトバー サウスパーク、バー ナデューラなど。あるウイスキーを飲んでみて、本当に好きになってしまっても、それを家で静かに、あるいは友人たちと楽しむことができないのはつらいことです。そのようなわけで、瓶詰め工程から出荷されたばかりのウイスキーがたくさんあるバーで長い時間を過ごします。現在、文字通り数千種のウイスキーが毎年発売されていますので、当たりであることを祈りながら試飲もせずにすべてを買ってみるわけにはいきませんから。

「Nonjatta」の重要性

日本のウイスキーをテーマとするウェブサイト「Nonjatta」は下記のURLで見られる。
www.nonjatta.com

日本のウイスキーをテーマとするウェブサイト「Nonjatta」ほど、称賛に値するウイスキーのブログサイトは他にない。その理由はいくつかある。日本のウイスキー業界について、興味深い情報をいち早く提供しているのは、砂から砂金を得るようなものだ。時間と努力を大量に投資する必要があるが、よくてもたまにしか報酬は得られず、保証は何もない。

日本はウイスキーの蒸溜所が少ないが、西洋とは違ってマーケティングがブランディングの成功に欠かせないということはなく、日本のウイスキーメーカーがウイスキーライターやブロガーにすり寄る傾向はずっと少ない。言葉の問題もあり、長時間にわたる困難な仕事を引き受ける情熱を持ったチームが必要になる。こうしてできたのが、「Nonjatta」だ。

このウェブサイトは、イギリスのジャーナリスト、クリス・バンティング（144ページ参照）が、2007年に日本に住むようになってすぐに立ち上げた。当初はインターネットの活動をしていたバンティングだが、報酬を得られる仕事に専念せざるを得なくなり、投稿は減っていった。同時期、ステファン・ヴァン・エイケンは「東京ウイスキー」のハブを立ち上げ、国際的なウイスキーコミュニティーへの投稿を始めていた。やがてステファンは「Nonjatta」のサイトに投稿することに同意し、クリスが2011年にイギリスに帰国すると、ステファンが舵を取るようになった。それ以来、サイトをコミュニティー型にすることも計画されたが、時折投稿する人が1人か2人いても、膨大な作業の大部分はステファンと大阪を拠点とするウェブマスター、ニコ・ネーフスの肩にかかっている。とても大変だと、ステファンは言う。

「でも読者から多くの励ましを受け、全く報酬も利益も得られないのに（信じられないと思う人が多いみたいだけれど本当なのです）、なぜ時間とエネルギーを注いでいるのかと思ってしまった時は、ファンメールを読み直して、日本のウイスキーシーンで起こっていることについて、現地から伝えられる情報が本当に求められているらしいと再認識するのです」

目撃者
NICHOLAS COLDICOTT ニコラス・コルディコット

日本のウイスキーのリバイバルの理由について、もっぱら西洋が注目したおかげだと考える人が多い中で、国際的な視野から旅行やホスピタリティーについて書いているライターのニコラス・コルディコットは異論を唱える。

コルディコットはイングランド生まれのジャーナリストで、1998年から東京に住んでいる、アジアで最も尊敬を集めているお酒専門のライターのひとりだ。毒舌と自虐的なユーモアのセンスでも知られている。最近では「ジャパンタイムズ」など、数多くの媒体に寄稿して、日本のすばらしい料理とお酒にスポットライトを当てるうえで重要な役割を果たしてきた。彼は日本のウイスキーの再生の重要な目撃者であったばかりか、実際に立役者として参加したひとりでもあったが、そのことを自ら語ろうとはしない。日本のウイスキーシーンを扱うライターたちについて聞くと、興味を自分からそらそうと努める。

「私は1998年に日本に移住し、料理とお酒をテーマとするメディアに足を踏み入れました」と彼は言う。「日本人の習性として、強迫観念というべきレベルまで自分の興味を追求することに気がつきました。これがカクテル、日本酒、ウイスキーなどに向けられると、その結果は素晴らしいものになります。でも影響についていえば、マイケル・ジャクソンは日本のウイスキーについての日本人の捉え方を変えるうえではほとんど影響を与えなかったと思いますし、私自身についていえばそれをさらにずっと下回ります。でも、多くの人が日本語で書いていて、英語ではマイケル・ジャクソン、ウルフ・ブックスラッド、クリス・バンティング、デーヴ・ブルームといった人たちがいました。私が剽窃できるお手本は山ほどありますね」

コルディコットは、2000年代の初めに日本のウイスキーに対する日本人の態度が変わったと考えるのは間違っていると言う。日本のウイスキーは2001年に西洋で認められたが、日本ではほとんど状況は変わらず、いわばにらみ合いの状態が長く続いていた。

「2001年について人々が語るのは、日本のウイスキーが初めて重要な国際コンクールで受賞したからだと思いますが、その後何年もの間、ほとんど興味が持たれることはありませんでした」と

あなたが飲んでいるウイスキーは？

私は棚に残っているものをなんでも飲みます。「余市15年」など、もう買えないので少しずつ大事に飲まなくてはならないものもあります。そして、「オークションに出すべきだったのに、時すでに遅し」というボトルがいくつかあります。たとえば古い軽井沢や羽生のモルトを、値段がばかみたいに上がることを全く予想せずに開けてしまいました。「山崎12年」は時折見つけることができて、これには飽きるということがありません。

ウイスキーの香りを確かめるこの世界では有名なジャーナリスト、ニコラス・コルディコット

上　東京・銀座のバー、ロックフィッシュ。ハイ・ファイブ（162ページ参照）の2階下にあり、すばらしいハイボールを出す
下　サントリーの広告。ハイボールのキャンペーンが成功したことから、若い世代がウイスキーを飲むようになった

彼は言う。

「2008年には、酒屋に行けば店先でイチローズモルト カードシリーズを1万〜1万5,000円で見つけることができ、売れ行きもそれほどではありませんでした。その時買い占めるべきでした。つまり、最初は滴のような動きが、やがて波になっていったのです。日本のウイスキーが流行する前から勧めていた人はたくさんいます。堀上敦はショットバー ゾートロープをすでに経営していましたし、ナンバーワン・ドリンクス社は軽井沢蒸溜所のウイスキーのボトルを流通させ、肥土伊知郎はカードシリーズを発売していました。これがすべて、ウイスキーに興味がある人たちが地元の製品に目を向けるようになるきっかけを作ったのです」

状況がそのまま変わらなければ、西洋の熱狂的な愛好家たちが日本で入手できない特別なウイスキーに熱を上げ、日本国内ではウイスキー人気が下降を続ける、という事態もあり得たのだ。彼は、大きな変化が起こったのはほぼ完全にサントリーの功績で、同社がハイボールを若い世代と女性に売り込む決断をしたおかげだと考える。

「サントリーがハイボールキャンペーンを行うと、すべてが変わりました」と彼は言う。「人々はビールの代わりにハイボールを飲むようになりました。女性のライフスタイル雑誌がウイスキーを取り上げ始めました。キャンペーンでどれだけ状況が変わったかはどんなに強調しても言い足りないほどです。その後、日本のウイスキーが何かの賞を受賞するたびに、日本で気に留める人の数も増え、それについて書くジャーナリストの数も増えました」

事態を決定づけたといえるのが、伝統的なイギリス人ライター、ジム・マレーが、ある日本のウイスキーを、彼の選ぶワールド・ウイスキー・オブ・ザ・イヤー2015に認定したことだ。それで起こった反応について、コルディコットは当惑せずにはいられないという。「理由はわからないのですが、ジム・マレーが山崎の1本を彼のワールド・ウイスキー・オブ・ザ・イヤーに選んだことは、どんな賞よりも大きなインパクトを持ちました」と彼は言う。「それはひとりの男がその年に発売されたものの中で一番好きな1本を選んだとはみなされず、外国の専門家が日本を世界のウイスキーの首都と認定したと受け止められたのです」

国内の状況が激動するなか、サントリーは未来を考えるうえで世界にますます目を向けるようになる。すでにモリソンボウモアとそのスコットランドにある蒸溜所3か所のオーナーとなっていた。またサントリービームを形成して酒造業界では世界有数の規模に成長し、アフリカやアジアへの利潤の大きい輸出経路を確立した。純粋に日本の酒造会社とみなすのはもはや難しく、未来に向けた大きな質問は、サントリーがディアジオとペルノ・リカールに世界的な挑戦を行うかどうかということで、その答えは未回答のままだ。個性的な日本のウイスキーという売れ行きのいい製品にフォーカスを絞ってこれらのライバルをつぶすか、はたまた同じ土俵でスコットランドのウイスキーと真っ向から闘って競争するか。コルディコットにもわからないという。

「サントリーは、スコットランドと同じくらい、年数表示のないウイスキーの発売にこだわっています」と彼は言う。「年数表示が将来、本格的に再開されるとは思えません。スコッチを真似することに関しては、言うまでもなく日本の

上 サントリーのハイボールは、同社の長年のキャンペーンのおかげで今では非常にポピュラーになった
右 イチローズモルト カードシリーズは現在、最も収集価値の高いウイスキーのひとつだ。2015年には、全54種をそろえたセットが379万7,500香港ドル（約5,900万円）で売れた

154　第 5 章 日本のウイスキーの興隆　│　*The Rise of Japanese Whisky*

A Great Night Out
日本でお気に入りのスポット

銀座に行って、ロックフィッシュのハイボールでスタート。それからカクテルバーの大御所（スタア・バー・ギンザ、バー ハイ・ファイブ、バー オーチャード、バー ダイス、Bar耳塚はとりわけ私のお気に入り）でウイスキーカクテルを1、2杯。その後はとても小さなバー、キャンベルタウンロッホで1杯飲みながら、終電を逃したことに気付くのです。

ウイスキーはスコットランドの伝統に根ざしていますが、むしろ私が思うに、今日ではすべてのウイスキーメーカーが同様の困難に直面しているということです。どこからアイデアがやってくるにせよ、良いアイデアは広まるでしょう。そして境界線はあいまいになってきているのです。日本の会社がスコットランドの蒸溜所のオーナーになっているのですから」

将来については、コルディコットは楽観的だ。「明らかに、質の良いウイスキーは不足しています。年数表示が大々的にカムバックすることはないと、私は思います」と彼は言う。

「悲観的な人は、需要と供給の間にある大きな落差を指摘し、日本のウイスキーを破綻に導くブームだと嘆くかもしれません。ほとんどのディスティラーの基本的な質が非常に高いので、人々は以前のウイスキーが再び店頭に並ぶ時を熱望しているでしょう。新しくできる蒸溜所の質が秩父の半分ほどにもなれば、それでなんとかしのげるという人もいるかもしれませんが、私は『竹鶴17年』を飲み続けようと思います」

CHAPTER

6

六

SIX

第 6 章

日本の
ウイスキーバー

Japanese Whisky Bars

ク　リス・バンティングは名著『日本を飲む（Drinking Japan）』の中で、日本はお酒を飲む人にとっては世界で最高の場所だと言い切る。スコットランドには、スコッチウイスキーが飲めるすばらしい場所がある。アイルランドには、アイリッシュウイスキーの優れたバーがある。ケンタッキーには、最高のバーボンがある。そして日本では、日本のお酒だけではなく、世界のお酒が幅広くそろえられている。日本は世界最高の蒸溜酒のるつぼとなっているのだ。

それに、東京はなんといってもカクテルを楽しむのに世界一の都市で、最高の素材を使って目の前でオリジナルのカクテルを作ってくれるバーには事欠かないという声もあるだろう。バー、パブ、レストラン、それに日本ならではの場所が、活気と多様性に満ちたダイナミックなナイトライフを展開していて、都市は個性あふれる場を存分に楽しめる枠組みを提供している。オフィスビルの中のバーや服のブティックの地下にあるパブなど、社会的な枠組みからも自由な日本の都市を前に、いったいどこから探検を始めたらよいかと迷

ってしまうかもしれない。

地図を読むのが好きなタイプの方なら、重要なウイスキーバーに行く計画を立ててもよいのだが、東京の場合、それを必ずしもお勧めできない3つの理由がある。第一に、見知らぬおもしろい場所で道に迷うのはそれなりに楽しい。第二に、目的地を探し当てるまでに気が散る要素が無数にあるだろうし、時間がかかって、結局お目当ての場所の半分しか行けない。第三に、何回日本に行っても、全体像をつかむことなどできっこない。だから、最初からあきらめて、日本人を見習い、流れに身を任せてみてはいかがだろうか。

日本のナイトライフは移動祝祭だ。喧騒と照明に満ちていて、最高にいい気分でお金とさよならできるように大小さまざまなスポットが用意されている。日本はあなたを楽しませたい、また来てほしいと強く願っているのだ。以下のページでは、主要都市でナイトライフを楽しむための重要なエリアを紹介する。包括的なものではないが、ウイスキーが飲めるアイコニックな場所を見つけるための案内役になるだろう。さあ楽しんで！

港区 [東京]

TOKYO / Minato District

　港区は東京の大規模な栄えた商業地区であり、「ジキルとハイド」的な二面性がある。
　名前が示すように、区の一部は湾岸にあるが、長年にわたる土地開発の結果、全体としては都心部に広がっている。中心には東京タワーがそびえる。

　昼間の顔はスマートで繁栄したビジネス地区で、見事な高層ビルに出勤していくオフィスワーカーたちの姿であふれる。夜には日本のサラリーマン全盛期を思わせる光景が広がり、ビジネスパーソンたちがバーで夜更けまで飲むべく、スーツなどスマートな服装でバーに向かうのだ。こうしたバーの多くは、オフィスビルの上階にある。

　港区には本当に驚くほどバラエティに富んだ店がある。オフィスビルのバーから華やかなレストラン、それに六本木の有名な歓楽街にできた高層のショッピングビルまで、誰もが自分にぴったりの場所が見つけられる。六本木は昔から東京の社交場で、第二次世界大戦後には西洋人向けの娯楽やレクリエーション施設が豊富にあることから、アメリカの軍人が集まるようになった。やがて、日本人観光客もこうした場所を訪れるようになった。数多くのバーやナイトクラブ、ストリップクラブ、レストラン、ホステスクラブ、キャバレー、それにそれ以外の形態のエンターテインメントも併せて無数に集まっている。暴力団との関係、麻薬入りのお酒やひったくりの怖い逸話で知られていた六本木は、今ではアートフェスティバルやダーツ・ビリヤードのトーナメント、ロボットの展示会、仮装パレードなどの数々のイベントで評判を上げている。ビジネスパーソンや学生、アメリカ軍の関係者のほか、とりわけ若者が目立つ地区だ。

お台場と芝浦埠頭を結ぶ港区のランドマーク、レインボーブリッジ

右・下 スコッチに強いこだわりを持つが、アイルランドをはじめとする世界のウイスキーも置いているヘルムズデール

有名なバーの中から、おすすめをいくつかピックアップしよう。

ウォッカトニック　　*Wodka Tonic*

年中無休で、飲み続けたい限りは店を開けておいてくれるダークで親密な空間。タキシードシャツのバーテンダーが、かっこよく氷を削ってくれる。バーはウイスキーの見事なセレクションで知られている。

➤ 東京都港区西麻布2–25–11 田村ビルB1F
　Tel：03-3400-5474 | wodkatonic.tokyo

カスクストレングス　　*Cask strength*

「ウイスキーマガジン」のアイコン・オブ・ウイスキー賞を受賞したことを納得させてくれるバー。東京の相場より高いが、ウイスキー好きを自認する人なら、希少なボトルが延々と並ぶこの店に何時間でも長居したくなるだろう。

➤ 東京都港区六本木3–9–11 メインステージ六本木B1F
　Tel：03-6432-9772 | cask-s.com

ヘルムズデール　　*Helmsdale bar*

タータンチェックのじゅうたん、壁にかかる鹿の角、そしてスコットランドのシングルモルトの幅広い品ぞろえのヘルムズデールは、スコットランド人よりもスコットランドに詳しい日本人男性が経営するウイスキーの殿堂。スコットランドのモルトが大部分だが、30種ほどの日本のウイスキーも味わえる。

➤ 東京都港区南青山7–13–12 南青山森ビル2F
　Tel：03-3486-4220 | www.helmsdale-fc.com

ザ ソサエティ　　　　　　　　　　　　　　　　　　　　*Bar Society*

スコッチモルトウイスキーソサエティ公認のバー。ソサエティの特別なシングルカスク、カスクストレングスのボトルが50種そろう。美しい東京の夜景が望めるが、それに見合う金額を払う必要がある。バーはパークホテル東京の25階にあり、日本のウイスキー、それにスタイリッシュなウイスキーカクテルも楽しめる。

➡ 東京都港区東新橋1-7-1 汐留メディアタワー パークホテル東京25F
　　TEL：03-6252-1111 | parkhoteltokyo.com

ニッカ ブレンダーズ・バー　　　　　　　　　　　　　*Nikka Blender's Bar*

ニッカのウイスキーが全種類そろうバーで、今のところ希少なボトルやシングルカスクも含まれるが、ニッカが年数表示のある銘柄を販売停止したことから、いつまで続くかは誰にもわからない。青山にある立派なニッカウヰスキービルの前にある階段を下りていくと、古風なバーの入り口がある。

➡ 東京都港区南青山5-4-31 ニッカウヰスキー本社ビルB1F
　　TEL：03-3498-3338 | nikkabar.wixsite.com/nikka

下　シングルモルトだけでなく、幅広いカクテルも楽しめる ザ ソサエティ

銀座 ［東京］

TOKYO / Ginza District

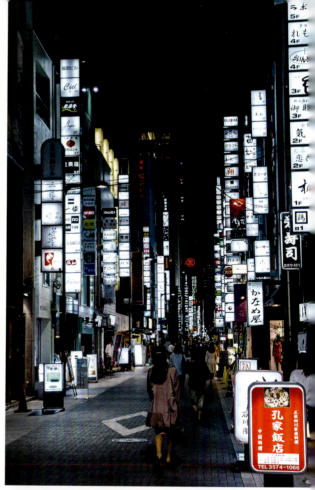

銀座は世界で一番おしゃれでラグジュアリーなショッピング街として広く人気があり、流行の先端を行くショップに多数のツーリストが詰めかける。大型百貨店の本店、有名ブランドのブティック、それにハイエンドの喫茶店や東京でもとりわけ小規模で高級なレストランなどが集まる。

銀座のほとんどの店は定休日がないが、中央通りが歩行者天国になるので、できれば4～9月の週末の午後に出かけたい。

この地区はまた、劇場街としても知られている。日が暮れて小売店が閉まる頃、イギリス風のパブからアメリカンなダイナー、カラオケや伝統的な歌舞伎まで、多様なナイトライフが幕を開ける。数多くの劇場で日本の伝統芸能が上演されていて、日本文化にどっぷり浸かるチャンス。あるいは、夜中まで飲んだり踊ったりして楽しめる場所も膨大にある。

下記はその一例だ。

バー ハイ・ファイブ　　　　　*Bar High Five*

小規模で親密な地下のバー。キラーカクテルと、200種あまりのウイスキーがそろう。メニューはないので、バーのスタッフに好みを伝えておまかせし、手早く用意してくれる1杯を楽しもう。銀座らしいバーで、ポールスタービルの4階から現在のビルの地下に移動して2倍の広さになった。

➡ 東京都中央区銀座5–4–15 エフローレギンザ5ビルB1F
Tel：03-3571-5815 | www.barhighfive.com

上端 おしゃれなショップやバー、レストランが軒を連ねる銀座
上 東京でもとりわけ乗降者数の多い銀座駅

スタア・バー・ギンザ　　　　　　　　　　　　　　　　*Star Bar*

ここはとてもまじめなバーで、スタッフはボウタイとサスペンダーで装い、サービスは完璧できめ細かい。東京の伝説的なカクテルの達人、岸久が全体を監督する。つまみもすばらしい。

➤ 東京都中央区銀座1–5–13 三弘社ビルB1F
　Tel：03-3535-8005 | www.starbar.jp

日比谷 BAR WHISKY-S　　　　　　　　　　*Hibiya Bar Whisky-S*

サントリーの宮本博義がゲストをもてなすときに使うバー。充実したウイスキーのメニューが英語でも用意されていて、タパススタイルの料理が味わえるスタイリッシュな店。

➤ 東京都中央区銀座3–3–9 金子ビルB1F
　Tel：03-5159-8008 | www.hibiya-bar.com

ルパン　　　　　　　　　　　　　　　　　　　　*Bar Lupin*

日本文学ゆかりのバーで、日本の有名作家たちの写真が壁に飾られている。歴史に彩られたバーは日本の有名作家たちのたまり場だった。ウイスキーとバーボンのセレクションは数は多くないが質が高い。

➤ 東京都中央区銀座5–5–11 塚本不動産ビルB1F
　Tel：03-3571-0750 | www.lupin.co.jp

バー エビータ　　　　　　　　　　　　　　　　*Bar Evita*

エバ・ペロンに由来する店名のバーは、アルゼンチンがテーマ。アルゼンチンのカクテル、ビター、それに季節の料理が、アルゼンチンタンゴのロマンチックな調べにのせて楽しめる。世界のウイスキーの豊富な品ぞろえを誇る。ウェブサイトは日本語のみ。

➤ 東京都中央区銀座8–4–24 藤井ビル9F
　Tel：03- 3574-5571 | www.bar-evita.jp

左上・左中　2014年にオープンし、膨大なウイスキーのメニューが英語でも用意されている日比谷ＢＡＲ WHISKY-S。とくに白州の品ぞろえが良い
左下　泉鏡花や菊池寛ら作家たちに愛された1928年創業のルパン。壁には有名な顧客たちの写真が飾られている
次ページ　カラフルなバーのメニューや価格リストが街を彩る夜の銀座

新宿・池袋 [東京]

TOKYO / Shinjuku and Ikubukuro District

新宿

新宿は東京に23ある区のうちのひとつだが、通常は娯楽施設とビジネス街、それに商業施設が集まる新宿駅周辺の大きな地区を指す。新宿は東京の重要なターミナルとなっていて、世界で最も乗降者数の多い新宿駅は、鉄道や地下鉄が何本も乗り入れている。ローカルバスや長距離バスのバス停もある。新宿はまた、東京で最も活気のあるビジネス街の中心にあり、駅の西側には超高層ビル群がそびえる。東京の最高級ホテルの一部もここにある。

駅の北東部には有名な大きな歓楽街が広がる。買い物天国でもあり、デパート、ショッピングモール、東京の有名な家電量販店が、駅の周辺に密集する。人が多い東京の中でも、ここはとりわけ雑多な活気が見られるが、意外にも少し横道にそれると、東京を代表する公園である新宿御苑の桜の下で静寂を楽しめる。

夜になると、新宿は現代の東京の中心、都市の中の都市の顔を見せ、決して速度をゆるめることがない。高級レストランからにぎやかな居酒屋まで、そしていかがわしい風俗産業から世界で最も活気あるゲイエンターテインメントの地区まで、新宿にはなんでもそろっている。

新宿の歌舞伎町は注意を要する地区だ。世界のどこの歓楽街でも予想されるような要素がすべてそろっている。用心していないとけんかを売られたり、金をだまし取られたりしかねない。しかし、少し注意すれば、夜でも通り抜けるのに問題はない。

上　活気と多様性に満ちた新宿では、雑多な雰囲気の中でナイトライフが楽しめる
右　全国チェーンの人気店ダブリナーズは、新宿だけで4店舗、日本全国に36店舗展開している

歌舞伎町のすぐ東、ゴールデン街はバーの集まる通りで、1960年代の東京の雰囲気をとどめている。予想できるように、さまざまな個性的な人たちが集まる。

新宿2丁目は、極小のゲイバーが集まる地区だが、大きめのクルーズバーやダンスクラブ、本屋、カフェ、それにサウナもある。

新宿には最も敬意を集めているウイスキーバー数軒があり、ショットバー ゾートロープ（次項参照）もそのひとつだ。あてもなくさまよい、バーをはしごするのが楽しい場所でもある。

ウイスキーファンなら下記のバーがおすすめだ。

ショットバー ゾートロープ　　*Shot bar Zoetrope*

世界最高のバーの有力候補。行ったことのある人はみなお気に入りのバーに挙げ、それにはしかるべき理由がある。元ビデオゲームデザイナーの堀上敦が作り出したバーには、ウイスキーと映画の古典という彼の2つの情熱が込められている。バスター・キートンの古い映画やローレル＆ハーディーのコメディーをぼんやり眺めながらおいしいウイスキーを飲むことができる。

➤ 東京都新宿区西新宿7–10–14 ガイアビル4 3F
　Tel：03-3363-0162

バー アーガイル　　*Bar Argyll*

安くないし、小さくてちょっとマニアックだが、フレンドリーで、木のインテリアがおしゃれなバー。興味深いボトルも含め、ウイスキーの品ぞろえが良い。

➤ 東京都新宿区西新宿1–4–17 第一宝徳ビル3F
　Tel：03-3344-3442

ダブリナーズ　　*Dubliners*

チェーンのアイリッシュパブで、池袋、渋谷、赤坂、品川にもある。アイルランドのウイスキーを飲みに行きたい店だが、他のボトルもそろえている。下記は新宿店。

➤ 東京都新宿区新宿3–28–9 新宿ライオン会館2F
　Tel：03-3352-6606 | www.dubliners.jp

バー・プラスチック・モデル　　　*Bar Plastic Model*

奇妙な名前とコンセプトの店は、1970〜80年代のレトロをテーマにしたバーと説明されることが多いが、それだけでは語りつくせない。日本のシングルレコードのコレクションを聴きつつ、平均的なバーに比べて充実した品ぞろえのウイスキーが楽しめる。

▶ 東京都新宿区歌舞伎町1–1–10 G2通り
　Tel：03-5273-8441 | www.plastic-model.net

トーキョールーズ　　　*Tokyo Loose*

夜遅くまで営業しているバークラブで、驚くほど安い値段で飲めるハッピーアワーも実施している。DJが流す音楽のジャンルは多岐にわたり、真夜中以降のダンスフロアはいつも満員のにぎわいだ。水たばこが借りられるほか、ダーツに興じつつウイスキーのグラスを傾けることもできる。

▶ 東京都新宿区歌舞伎町2–37–3 丸友ビルB1F
　Tel：03-3207-5677 | www.tokyoloose.com

池袋

豊島区にある池袋はビジネスと夜のエンターテインメントで知られ、市場のような日本酒専門店もある。さまざまなバーがあるが、その一部を紹介しよう。

クエルクス バー　　　*Quercus Bar*

肥土伊知郎行きつけのバーで、リーズナブルな価格でフレンドリー。当然のことながら秩父蒸溜所のものが充実しているが、軽井沢蒸溜所の希少なボトルも置いている。毎年バー独自のシングルカスクを、スコットランド産を中心に提供している。

▶ 東京都豊島区東池袋1–32–5 大熊ビルB1F
　Tel：03-3986-8025 | quercusbar.com

イッテンバー　　　*The Itten Bar*

抑えた照明とクールなジャズ、それに大きな魚の泳ぐ水槽があるスタイリッシュなバー。洗練されたスポットに出かけたいときにはぴったり。クールな店にふさわしく、ゆっくり楽しみたい上質なウイスキーがそろっている。

▶ 東京都豊島区南池袋1–17–13 ゴールデンプラザ池袋8F
　Tel：03-3981-0018 | www.itten-bar.com

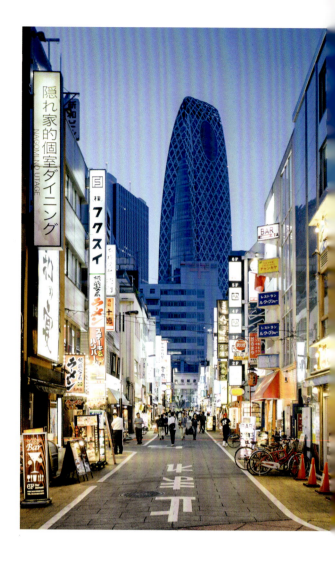

上　ネオンサインに彩られた新宿の風景。正面にそびえるモード学園コクーンタワーは、3つの学校を擁し、東京で17番目に高いビルだ

168　第6章 日本のウイスキーバー　|　*Japanese Whisky Bars*

ペーパームーン *Paper Moon*

わざと時代後れでクレイジーな雰囲気を演出したバーは、クールに夜遅い時間に飲むのにふさわしく、心地よいジャズが流れる。バーのスペースは非常に小さいが、ウイスキーは十分な品ぞろえで、カクテルはさらに充実している。

➤ 東京都豊島区西池袋3-29-3 梅本ビル4F
　Tel：03-3985-0240

ケニーズバー *Kenny's Bar*

池袋はジャズバー・クラブが集まる地区としての評価を確立している。おしゃれな地区ではないが、気取らないレトロな気分が味わえる。ミンガスやコルトレーンのポスターが壁に飾られていて、ここのフレンドリーな雰囲気の中でウイスキーを飲むのは楽しい。

➤ 東京都豊島区池袋2-63-6 パレスガーデンミラノ1F
　Tel：03-5391-1073 | www.kennys.jp

下　ガード下に昔懐かしい焼鳥の屋台がにぎやかに続く。焼鳥とビールが人気だ
次ページ　歌舞伎町の雑踏
東京の歓楽街で、劇場やレストラン、それにさまざまな娯楽施設が集まっている

渋谷 ［東京］

TOKYO / Shibuya District

渋谷区は東京23区のひとつだが、通常渋谷というと渋谷駅の周辺のショップやエンターテインメント施設が密集しているエリアを指す。若者向けのファッションとカルチャーの中心で、日本のファッションとエンターテインメントの流行が発信される場所でもある。東京の最もカラフルで活気ある地区のひとつであり、ショップ、レストラン、ナイトクラブに人々があふれる。10あまりのデパートの支店が集まり、ありとあらゆるタイプの買い物客のニーズに応えている。

しかし、フォーマルで高級志向な地区というわけではない。渋谷は、流行の先端を行く楽しい街。スケボーショップやストリートウェアのブティックもあり、ありとあらゆる最新のファッションがここで見つかる。東京の他のエリアと同様、雑踏を離れてほっと一息つくこともできる。原宿や自然に触れられる代々木公園はすぐそこだし、近くの明治神宮に行けば近隣の喧騒を逃れて豊かな緑に触れることができる。

渋谷のナイトライフの中心は道玄坂で、愛し合うふたりにプライバシーを提供する短時間利用のイン、ラブホテルの密集地帯としても知られている。しかし、音楽ファンが訪れたい場所でもある。東京の最高のライブハウスとクラブが集まり、トランス、テクノ、ロック、レゲエなどありとあらゆるスタイルの音楽が楽しめる。

上　アイラ島を代表するカリラ蒸溜所のシングルモルトウイスキーをそろえるバー カリラ。そのコレクションは世界有数

バー カリラ　　　　*Bar Caol Ila*

情熱を極限まで追求する日本人気質が、はっきりと表れているのがこのバーだ。アイラ島を代表するカリラ蒸溜所に由来して名付けられ、70種あまりのカリラがそろう。これは、カリラのコレクションとしてはおそらく世界一、そして明らかに日本一だ。バーでは、カリラの12年物と合わせる朝食のような燻製の盛り合わせなど、ウイスキーに合うつまみも出している。カリラ以外のウイスキーも70本そろえているので、ピート風味のウイスキーが嫌いだからといって敬遠しないでほしい。

▶ 東京都渋谷区道玄坂1–13–3 MST道玄坂3F
Tel：03-5428-6184 | www.caolila.tokyo

スピンコースターミュージックバー　　*Spincoaster Music Bar*

ここを絶賛しているレビューを見ると、音楽ファンにとってはマストな場所らしい。バーにはLP版のレコードのコレクションと高音質のオーディオトラックが完備されている。小規模でフレンドリーな場所で、客が音楽をリクエストすることもできる。ここを訪れて気に入ったある人は「シュールな場所」と評している。ワールド・ウイスキー・アワードを受賞した響など、日本の希少なウイスキーもそろえている。

▶ 東京都渋谷区代々木2–26–2 第二桑野ビル1–C
Tel：03-6300-9211 | bar.spincoaster.com

下　ウイスキーだけではなく、LP版レコードも豊富にそろえているスピンコースターミュージックバー

右下　ファッショナブルで流行の先端を行くにぎやかな若者の街、渋谷

他の地区 ［東京］

TOKYO / the rest

日本人はウイスキーが大好きなので、日本のどこに行っても興味深いボトルに出会うことができる。しかし、ここで注意しておきたいのが、世界で注目されているのはハイエンドな日本のウイスキーであって、この本を読むと、すべての日本のウイスキーがすばらしいものだと勘違いされかねないが、事実はこれに反する。見慣れないボトルをたくさん見かけるので、1杯注文してみたいという誘惑にかられるかもしれないが、ここで警告が必要だ。日本のウイスキーには、良くて平凡、悪くすれば恐ろしい代物が山ほどある。とはいえホストを信頼して、地元の蒸溜所のウイスキーを紹介してもらうことはできるだろう。その場合は日本語でコミュニケーションをとれる必要がある。地元の人が外国語を話す保証は全くないからだ。

これまでに挙げたナイトライフで有名な地区のほかに、東京都内で行ってみる価値のある地区をここで紹介しよう。

練馬区 *Nerima-ku, Tokyo*

モルト・ハウス アイラ *Malt House Islay*

ウイスキー1,800本をそろえる本格派のウイスキーバーだが、他店に比べるとカジュアル。バーのオーナーは、時折オリジナルのウイスキーも造っている。もちろんアイラ島のウイスキーをブレンドして。

➡ 東京都練馬区豊玉北5–22–16 キジマビル2F
　Tel：03-5984-4408 | islay.world.coocan.jp

目黒区 *Meguro-ku, Tokyo*

スペイサイドウェイ *Speyside Way*

ゆったりした空間で、居心地の良いパブのような雰囲気の中、質の高い日本のクラフトビールを出している店。もちろん一番の魅力は幅広いウイスキーの品ぞろえで、1,000本近くにも達する。主にスコットランド産だが、日本のモルトも充実している。おいしいつまみと一緒に楽しみたい。

➡ 東京都目黒区自由が丘1–26–9 三笠ビル5F
　Tel：03-3723-7807 | www.speysideway.co.jp

上端 小さな名店、キャンベルタウンロッホがある千代田区の風景
上 練馬駅から徒歩2分、豊富なウイスキーをそろえるモルト・ハウス アイラ

174　第 6 章 日本のウイスキーバー　|　*Japanese Whisky Bars*

品川区 *Shingawa-ku, Tokyo*

マッシュタン *The Mash Tun*
JR目黒駅近くの裏道のビルの2階にある隠れ家的なバー。気取らないフレンドリーな雰囲気で、250種ほどのモルトをそろえる。熱心なオーナーは、棚に長い間置かれっぱなしになっていて残量が少ないボトルが劣化する事態を防ぐため、割引のテイスティングを実施している。

➡ 東京都品川区上大崎2–14–3 三笠ビルB棟2F
Tel：03-3449-3649 | www.themashtun.com

千代田区 *Chiyoda-ku, Tokyo*

キャンベルタウンロッホ *Campbelltoun Loch*
松井ビルの地下1階にあるバーは、東京の標準からいっても小さい。おそらく多くて10人しか入れないが、ウイスキーのチョイスはすばらしい。ほとんどがスコットランド産。

➡ 東京都千代田区有楽町1–6–8 松井ビルB1F
Tel：03-3501-5305

下・右下　マッシュタンの店内。小さな店におよそ250種のモルトをそろえ、常に新鮮であるようにローテーションさせている。日本のウイスキーに加え、スコッチも置いていて、時にバグパイプの演奏で客を迎えることもある

大阪

OSAKA

大阪のナイトライフは活気があり、外国人観光客の行き先は、ガイジンバー／パブ、またはナイトクラブの2つのカテゴリーに分類される。外国人の客が常に訪れ、日本語ができない客の応対もできる。外国人とおしゃべりを楽しむために地元の日本人も訪れる店なら、英語ができる日本人に出会える可能性が大きくなる。

数十軒のバーやクラブがあり、スポーツやロック音楽など特定のテーマを持つところが多い。また、サントリーの本社が大阪の堂島にあるため、おひざ元である大阪ではサントリーに偏る傾向が大きい。

ウイスキーバーのおすすめは下記の通り。

バー・オーガスタ・ターロギー　　*Bar Augusta Tarlogie*

交通が便利な梅田にあり、日本としては早めの午後5時から営業しているので、大阪でバーのはしごをするならここを出発点にすれば完璧。バーは小さいが、品ぞろえは充実している。ウイスキーのほとんどはスコットランド産で、オーナーでバーテンダーの品野清光はその世界を知りつくしている。そういうわけで、バーはスコッチモルトウイスキーソサエティ日本支部の大阪加盟店としても機能している。厳選された日本のウイスキーのセレクトも興味深い。

➤ 大阪府大阪市北区鶴野町2–3 アラカワビル1F
　Tel：06-6376-3455 | www.bar-augusta.com

大阪、難波の派手なネオンや看板の中でも、
グリコは象徴的な存在になっている

バー K   *Bar, K*

大阪の最も活気ある地区の中心にあるバーKは、階段の下にひっそりとたたずむ。静かで居心地のいい店では、おいしいお酒と最上級のサービスが受けられる。見事なカクテルが有名で、他では出会えないような希少な日本のウイスキーもいくつか置いている。

➡ 大阪府大阪市北区曾根崎新地1–3–3 好陽ビルB1F
　Tel：06-6343-1167 | www.bar-k.jp

タカ バー   *Taka Bar*

カウンターの後ろに並ぶのはほとんどがサントリー関連の商品。珍しいオーナーズカスクやカスクストレングスのボトルが豊富で、店内では幅広いクラシック音楽が快く流れる。美しい音楽を聴きながら、ウイスキーが堪能できる。

➡ 大阪府大阪市北区曾根崎新地1–7–30 アンダーツリービル1F
　Tel：06-6344-1311

ロックロック   *Music Bar Rock Rock*

大阪では、ロック音楽が盛んなことにルーツを発するにぎやかなパーティーシーンが見られる。アイアン・メイデンやディープ・パープル、モトリー・クルーが流れ、ウイスキーが大量に消費されて夜は最高潮に。ライブの後も余興で盛り上がる。

➡ 大阪府大阪市中央区西心斎橋1–8–1 心斎橋アトリアム3F
　Tel：06-6244-6969 | www.rockrock.co.jp

ハイボールバー梅田1923   *Highball Bar Umeda 1923*

日本のウイスキーの歴史が始まったとされる年号にちなんだ店名のバーは、若い世代にウイスキーを広めるためのキャンペーンの一環で造られた。最近ウイスキーを飲むようになった人たちにとって、古いスタイルのウイスキーバーは敷居が高いことから、サントリーが若者向けに最高の品質のハイボールを出すバーを造ったのだ。カクテルの品ぞろえも幅広い。奈良漬ときゅうりのスティックに、白みそとウニみそと山崎を混ぜ合わせて添えた一品など、ハイボールに合うつまみも充実している。「ノスタルジックモダン」をテーマにしたインテリアのバーは、とても人気がある。

➡ 大阪府大阪市北区芝田2–1–3 梅仙堂ビル1F
　Tel：06-6375-2300

上端　ウイスキーのほか完璧なカクテルでも知られるバーK

上　大阪難波の裏道にはバーやレストランが軒を連ね、隠れた宝石のような名店が見つかる

1000年にわたって日本の首都だった京都は、日本でも有数の歴史を誇る古都で、今日では観光とエンターテインメント産業が盛んだ

京都

KYOTO

京都には優れたバーやクラブ、それに夜遅くまで営業しているレストランがたくさんある。なかでも木屋町通は若者が集まり、良いバーが多い。

落ち着いた場所を求めるなら、カクテルを飲んだり、友人や家族と話したりするために、もっとリラックスした雰囲気のバーに入るのも良い。京都はカラオケバーが多く、リーズナブルな価格で個室を借りることもできる。ウイスキーは、たいていの場所で出されている。

京都で行きたいバーは下記の通り。

K6 — *Bar K6*

日本の多くのウイスキーバーよりも広く、気取ってはいないがエレガント。L字型の店には、長いカウンターがある。居心地が良く、珠玉の逸品も含め、600種あまりのウイスキーをそろえる。

➡ 京都府京都市中京区木屋町二条東入ル東生洲町481 ヴァルズビル2F
Tel：075-255-5009 | ksix.jp

バー コルドンノワール — *Bar Cordon noir*

居心地の良い親密な空間、フレンドリーで知識豊富なスタッフ、リーズナブルな値段、そして600種を超える見事なウイスキーリストと、すべてがそろうウイスキーバー。長年販売されていないスコッチモルトや、非常に古くて希少な日本のモルトが、とても魅力的な価格で飲める。バーは35人ほどで満席になるので、早めの時間に入店したい。

➡ 京都府京都市中京区木屋町三条下ル石屋町121 先斗町松嶋屋ビル3F
Tel：075-212-3288 | ameblo.jp/bar-cordon-noir

179

福 岡

FUKUOKA

福岡は他の日本の都市ほど知名度は高くないが、大きな都市だ。人口は250万人に達し、福岡県の県庁所在地で、九州北部の沿岸にあり、九州で最も人気が高い。福岡には膨大な数の店がある。居酒屋はどの街角にもあり、幅広いお酒や料理が楽しめる。福岡は焼酎が有名なので、刺身と一緒に試したい。福岡はクラブシーンも盛んで、クラブに行くのが好きな人もチョイスに事欠かない。ヒップホップ、トランス、一般的なポップスなどなど、さまざまな音楽が楽しめる。

ウイスキー好きが必ず訪れたいのがここ。

バー キッチン *Bar Kitchen*

つまみのメニューはなく、日本とスコットランドの希少なウイスキー1,500種をそろえ、プレミアムとビンテージのバーボンも置いている。ひるんでしまいそうなほど立派なセレクションには、インデペンデント・ボトラーズや、シングルカスク、オーナーズカスク、スコッチモルトウイスキーソサエティのボトリング、ビンテージのオフィシャルボトリング、それに希少な日本のウイスキーも含まれる。羽生や軽井沢の数々のボトルのほか、イチローズモルトのカードシリーズは全種そろっている。ウイスキー愛好家の天国のような場所だ。

- 福岡県福岡市中央区舞鶴1–8–26 グランパーク天神1F
  Tel : 092-791-5189

上端 福岡は、さまざまなジャンルの上質な音楽と、居酒屋が魅力の都市だ
上 バー キッチン
「キッチン」なのにつまみのメニューはないが、それを補って余りあるだけのウイスキーをそろえる

札幌

SAPPORO

上端　ザ・ニッカバーの店内。在庫が尽きる前に、ニッカのすばらしいウイスキーの数々を味わいに行きたい

上　ザ・ボウ・バーでは、ゆったりした雰囲気の中でなかなかお目にかかれない古いウイスキーが楽しめる

最も有名な日本のビールの故郷である札幌は、日本の最北、北海道最大の都市だ。スコットランドと比較的気候が似ていることもあって、本格的なウイスキーシーンが存在する。日本最大の歓楽街、札幌のすすきのは特に活気がある。北海道を代表するバーやレストランを目指してぜひ行きたい場所だが、風俗産業も含めてありとあらゆる店があり、カラオケバーにも事欠かない。札幌の名物であるラーメンを食べてみたいなら、ラーメン横丁に行くとラーメン屋が軒を連ねている。

ウイスキーバーは、サントリーのバーも含めてたくさんあるが、なかでもおすすめは下記の店だ。

ザ・ボウ・バー　*The Bow Bar*

名前が示す通り、このバーはスコッチのシングルモルトを専門に扱う。ほとんどが20年より若いが、おもしろいのは、すべてが1960〜80年代に発売されたボトルであること。ウイスキーは20年より若くても、蒸溜された年が1940年代後半までさかのぼるものもある。かつてのウイスキーの味を知る貴重なチャンスを提供してくれている。

➤ 北海道札幌市中央区南4条西2丁目7–5 ホシビル8F
　Tel：011-532-1212 | www.thebowbar-sapporo.com

ザ・ニッカバー　*Nikka Bar*

近郊の余市蒸溜所を経営するニッカの名を冠するバーは、幅広いニッカのウイスキーを置いている。

➤ 北海道札幌市中央区南4条西3丁目 第3グリーンビル2F
　Tel：011-518-3344 | nikkabar.jp

この章のリストはもちろん、網羅的なものではなく、日本ではバーやレストランの業界は常に変化し続けている。すべて行きつくすのは不可能だ。だから、何よりも自分が魅力を感じるバーに行き、後は流れにまかせるのが一番だ。

CHAPTER

7 / 七

SEVEN

第 7 章

世界の
ウイスキーバー

Bars Around The World

華やかに演出された飲食の文化にかけては、日本は世界でも有数の存在だ。新鮮で健康的な料理や飲み物は、正確で見事な技が生かされていて、それに基づく食文化が、明快でシンプルなビジュアルと言葉で表現される。

日本料理店は世界中に数多く広がっている。「ヨー！スシ」などの気楽な「ファーストフード」や、驚くほどのバラエティに富むストリートフードであるラーメンの店から、世界的な超高級ホテルの中にあり、オープンキッチンで料理人が精緻に技をふるうトップクラスのレストランまでさまざまだ。

日本料理は傑出した適応能力と柔軟性を見せ、シドニー、ニューヨーク、それにロンドンなど世界のコスモポリタンな都市では、アジア料理やヨーロッパ料理のレストランにも取り入れられている。言い換えれば、日本に行かなくても、世界の他の場所で（遅まきながら、と言うべきだろう）、日本料理が楽しめるようになった。

和食が気軽に楽しめるようになったとはいえ、日本のウイスキーを専門に扱うバーは一般的ではない。とはいえこうした場所は存在し、数年前にさかのぼるウイスキーをそろえているか、プライベートコレクションに基づく店であることがほとんどだ。しかし、そうした店を見つけるのは難しいかもしれない。

高級家具を備えた本格派のバーから、スコットランドのウイスキーで有名なホテルの陰に隠れた飾り気のない質素なバーまで、選択肢は幅広い。この章では、スタイリッシュでエレガントなバーも、東京のちょっといかがわしい雑多な居酒屋を模した店も併せて紹介する。

BAR JACKALOPE バー・ジャッカロープ

LOS ANGELES, USA

ロサンゼルスのダウンタウンにある、セブングランド・バーの裏手のバー・ジャッカロープは、リラックスしていて楽しく、雰囲気が良いがそれでいて気取らず、しかも細部にまで注意が行き届いていて心ゆくまでお酒が飲める本格派のバーだ。お手本にしているのは、日本の小さなバーの親密な雰囲気。静かにゆっくりとウイスキーを味わいたい店だ。注文できるのはウイスキーのグラスだけで、日本式のハイボール以外、カクテルはない。

10ドル（約1,100円）未満の入門レベルのウイスキーも多数置いているし、100ドル（約11,000円）を超える希少な逸品もそろえていると店では説明する。日本のウイスキーについては、法的に仕入れが可能な限り、発売されたすべてのボトルをそろえている。他の産地のウイスキーについては、ラインにつき1本のみボトルを置いている。バー・ジャッカロープは現在、日本のウイスキーの需要が増す中で、価格を現実的なレベルに据え置きするために奮闘している。すぐ近くのセブングランド・バーは、料理とクラフトビールが楽しめる店で、ここも覚えておきたい。

この店が選ばれる理由
支配人のアンドリュー・エイブラハムは語る。「うちの店には、スピリッツのガイドがいます。ジャッカロープのスタッフ全員が毎週集まって研修を実施し、ウイスキーにまつわるありとあらゆる知識を学ぶために、かなりの努力をしています。実地で学ぶための研修旅行も頻繁に行います。日本全国のほか、アイルランド、スコットランド、ケンタッキー、テネシー、カナダ、それにアメリカ全土の小規模の蒸溜所も多数まわりました」。2012年にはオレゴンのハウススピリッツ蒸溜所とともに、オリジナルのモルトとライ麦のウイスキーも造り、これが現在熟成中だ。

店のおすすめ
アンドリューによれば「まずは響をどうぞ。12年がいいと思います。シェリーワインの余韻が、シェリーが目立つ2015年発売の『響ジャパニーズハーモニー』に比べても優れています。全体のバランスが取れたすばらしい日本のウイスキーで、最初に飲むのにぴったりです。続いて、『余市15年』。日本人の舌が求める風味から逸脱することなく、ピートの香りをほんのかすかに感じさせつつも、日本のウイスキーらしさがあります。最後は『白州12年』ですが、ちょっと遊び心をきかせてハイボールでどうぞ。ウイスキー1に対して強い炭酸水3で割ります。ミントを一枝飾ります」。

➡ Seven Grand, 515 West 7th Street # 2, Los Angeles, CA90017, USA
+1 213 614 0736 | www.sevengrandbars.com

バーで飲める
日本のウイスキー

バー・ジャッカロープで飲める日本のウイスキーは、まるでサントリーとニッカの「グレーテスト・ヒット」版で、希少なボトルも含まれる。そのほかマルス信州の個性的なセレクションも。

山崎 12 年
山崎 18 年
山崎 25 年
白州 12 年
白州 18 年
白州 ヘビリーピーテッド
響 ジャパニーズハーモニー
響 12 年
響 17 年
響 21 年
ニッカ 竹鶴 ピュアモルト NAS
ニッカ 竹鶴 ピュアモルト 12 年
ニッカ 竹鶴 ピュアモルト 17 年
ニッカ 竹鶴 ピュアモルト 21 年
余市 15 年
宮城峡 12 年
ニッカ カフェグレーン
マルス 岩井 トラディション
マルス 岩井 トラディション ワインカスクフィニッシュ

バー・ジャッカロープ
ウイスキーライブラリーやテイスティングルームなどと称され、スタッフがフレンドリーで親切なことでも知られている

YUSHO ユーショー

CHICAGO, USA

　ユーショーは、備長炭の炭火焼きコーナーの隣にバーを設けていて、バーとキッチンの境界をわざとあいまいにしてある。カウンター席では、バーテンダーや炭火焼きのシェフがクラフトカクテルや季節の料理を用意する様子を眺めつつ、彼らとの会話も楽しめる。シェフが毎晩腕をふるう料理をよりいっそうおいしく味わうために、さまざまなお酒を楽しむというのが店のコンセプト。クラフトカクテル、厳選された日本酒、ワイン、ユニークな品ぞろえの日本のビール、それに日本のウイスキーが、さまざまな料理の風味を引き立て、美食を満喫させてくれる。ウイスキーのセレクションは、ウイスキー造りに比類のない技術とクラフトマンシップが活かされた逸品を選ばなくてはならないという強いこだわりに基づいている。

この店が選ばれる理由
「卓越したウイスキーのチョイスが自慢で、希少でおもしろいウイスキーもそろえています」と語るのは、ユーショーの支配人でドリンクコーディネーターのティモシー・ケニーグ。「日本のウイスキーのセレクションは私が監修しています。スタッフの知識を強化することにフォーカスを置いた研修を定期的に行い、それぞれのテーブルで、ディナーがダイナミックな体験になるようお手伝いします」。ケニーグは日本のウイスキー、日本酒、クラフトビール、焼酎を1点ずつ研究し、それぞれの良さを紹介するための献身的な努力を重ねていて、東京の酒エデュケーション・カウンシルによる酒プロフェッショナルとアドバンスト酒プロフェッショナルの資格を持つ。

店のおすすめ
「ニッカ『余市シングルモルト12年』は、余市の特徴である力強くなおかつ洗練されたスタイルを典型的に示す逸品です。しっかりしたスモーキーさがありながら、ハチミツ、爽やかなリンゴ、それにダークチョコレートの風味によってバランスが取れています。ニッカが最近、年数表示のある銘柄を海外向けに出さなくなったこと、それに15年物がアメリカで発売された余市シングルモルトの唯一の銘柄だったことから、シングルモルト12年は貴重です」

➡ 2853 N. Kedzie Avenue, Chicago, IL 60618, USA
+1 773 904 8558 | www.yusho-chicago.com

バーで飲める
日本のウイスキー

多くの銘柄を販売中止したことから需要が高まっているニッカを中心とした品ぞろえ。肥土伊知郎のウイスキーも充実している。

余市 12年
余市 15年
余市 NAS
宮城峡 12年
宮城峡 15年
宮城峡 NAS
ニッカ カフェグレーン
ニッカ 竹鶴 ピュアモルト NAS
ニッカ 竹鶴 ピュアモルト 17年
ニッカ 竹鶴 ピュアモルト 21年
ニッカ フロム・ザ・バレル
ニッカ オールモルト
秩父 ザ・フロアーモルテッド 3年
秩父 オン・ザ・ウェイ
イチローズモルト 羽生 15年
イチローズモルト ウイスキートーク 12年
イチローズモルト ミズナラウッドリザーブ
イチローズモルト ダブルディスティラリーズ
イチローズモルト ワインウッドリザーブ
ホワイトオーク あかし
ブレンデッドグレーン
ホワイトオーク あかし シングルモルト
マルス 駒ヶ岳 ザ・リバイバル 2011
マルス 岩井 トラディション

ユーショー
活気のある店に、クラフトビール、カクテル、日本酒、それにウイスキーの貴重なボトルがそろう

188-189ページ
おいしい料理の一例

187

190　第 7 章 世界のウイスキーバー　|　*Bars Around The World*

NEW YORK, USA

ZUMA　ズマ

ズマは国際的に知られるコンテンポラリーな高級レストランで、モダンな日本料理は高い評価を受けている。正統派の洗練された料理は、日本の居酒屋のようにシェアして楽しむスタイル。それぞれ特徴のある3つのキッチンを備えるが、いずれも質の良い素材の味を引き立てる大胆な料理とシンプルなプレゼンテーションが特徴だ。日本のウイスキーは、ズマのつまみや料理の重要な要素になった。「10年前は、日本のウイスキーは貴重で比較的知られていない存在でしたが、今では流行になっています」と語るのは、バーの品ぞろえを監修するマネージャーのサイモン・フリース。「ズマのカクテルメニューにもウイスキーのカクテルは多数登場していて、レストランで用意されているメニューのいずれにおいても、ウイスキーは重要な要素です。バーのスタッフは、お客様にウイスキーのおいしさを知っていただくことをモットーにしています」

バーで飲める
日本のウイスキー

日本のウイスキーが希少になっている今、ズマのウイスキーリストも非常に流動的で、入手可能なボトルを入手可能な時に買い付けているそうだ。

ホワイトオーク あかし ブレンデッドモルト

秩父 ちびダル 2009

秩父 ザ・ピーテッド 2010

**イチローズモルト
カードシリーズ ザ・ジョーカー**

**羽生 2000 ズマ ロカ
シングルカスク #919**

軽井沢 1970 シングルカスク #6177

軽井沢 1982 バーボンカスク 29 年

ニッカ カフェグレーン

ニッカ フロム・ザ・バレル

ニッカ ピュアモルト ブラック

ニッカ ピュアモルト レッド

ニッカ ピュアモルト ホワイト

余市 NAS

響 17 年

響 21 年

白州 12 年

白州 18 年

白州 ディスティラーズリザーブ

サントリー ストーンズバー

山崎 12 年

山崎 18 年

山崎 ディスティラーズリザーブ

戸河内 18 年

山崎 シェリーカスク

この店が選ばれる理由
ズマは世界中に展開しているが、ニューヨーク店はバーの棚を日本のウイスキーが埋めつくす。これは、日本のウイスキーがマンハッタンで人気をますます集めている理由であり、証拠でもある。ズマのニューヨーク店は北米で有数の輝かしい受賞歴を持つヘッドシェフたちが腕をふるい、正統派だが伝統にはとらわれない日本のカルチャー、スタイル、そして風味が味わえるうえ、メニューにもウイスキーを取り入れている。ニューヨークの中心の活気と、日本の外ではなかなかお目にかかれないスタイルの食事を融合させることに成功しているのが魅力。バーの棚にはビンテージ物の羽生などのお宝が見つかる。

店のおすすめ
サイモンによると、「『サントリー山崎12年シングルモルト』は、日本のウイスキーへの入門に理想的。甘く、繊細で、ストレートでもとても飲みやすいです！　それから『ニッカ フロム・ザ・バレル』は、多彩な魅力を持つ日本らしいウイスキー。大胆で力強く、サワーにしたり、みずみずしいフルーツを添えたりするととてもおいしいです。それから最後に挙げたいのが『羽生2000』。ズマは『羽生2000』の最後の樽のボトルを買いました。非常に特別なビンテージです」。

ズマ
料理をシェアして楽しむ居酒屋風スタイルのレストラン

➥ 261 Madison Avenue, New York, NY 10016, USA
+1 212 544 9862 | www.zumarestaurant.com

THE FLATIRON ROOM　ザ・フラティロン・ルーム

NEW YORK, USA

　ザ・フラティロン・ルームを訪れるのは、まるで時間をさかのぼるような体験だ。クラシックで演劇的な店は、温かく洗練された魅力を放つ。1000種を超えるウイスキーがそろい、チーズボード、フラットブレッド、ステーキ、リブステーキなどのシンプルだが上質の料理とともに楽しめる。リラックスした美しい空間にはジャズが流れ、華やかな気分を演出。バーでは、新しいものを含めてユニークな日本のウイスキーをそろえる努力を怠らない。すでにさまざまな日本のウイスキーを飲んでいる客から、最良のスコッチやバーボンを抑えて受賞に輝いた日本のウイスキーのうわさを聞いて試してみたいという客まで、多様なオーダーに応える。

この店が選ばれる理由

オーナーのトミー・ターディーによれば、ザ・フラティロン・ルームはウイスキーのさまざまな側面を広く知ってもらうためのフラッグシップ・バーの役割を担う。「ラグジュアリーなおもてなしを全く新しい形で実現することを目指しています。これがウイスキー業界にも歓迎され、ローンチやプロモーションのイベントに頻繁に使われています」
高い評価を得ている料理やウイスキーの膨大な品ぞろえに加えて、店ではウイスキースクールを開催し、ウイスキーのテイスティングや講座のためのプライベートルームも設けている。日本のウイスキーを常に新しく仕入れるために、店ではかなりの努力を費やしている。

店のおすすめ

トミーによると「『山崎12年』。日本のウイスキーと言えば、山崎を思い浮かべる人が多いもの。12年はすばらしいウイスキーで、軽く、爽やかで、強い個性があり、何層にもわたる深い余韻が楽しめます。それから『ニッカ カフェグレーン』をどうぞ。トウモロコシを中心とするマッシュを使ったウイスキーで、バーボンの愛飲家に日本のものを試していただくのに最適です。そして最後に『白州12年』。爽やかで軽く、それでいて確かなピートの風味がウイスキーを貫いています。これよりソフトでなめらかなことが多いアイラ島のモルトに代わるウイスキーとして試すのにぴったりです」。

バーで飲める
日本のウイスキー

ザ・フラティロン・ルームは2大メーカーのウイスキーが充実しているのに加えて、発売されるごとに新しいウイスキーを加えている。

白州 12 年
白州 18 年
響 ジャパニーズハーモニー
響 12 年
響 17 年
響 21 年
秩父 ザ・フロアーモルテッド 3 年
イチローズモルト ＆ グレーン
ニッカ 竹鶴 ピュアモルト 12 年
ニッカ 竹鶴 ピュアモルト 17 年
ニッカ 竹鶴 ピュアモルト 21 年
ニッカ カフェグレーン
秩父 ザ・ファースト
マルス 岩井 トラディション
マルス 岩井 トラディション ワインカスク
フィニッシュ
山崎 12 年
山崎 18 年
山崎 シェリーカスク
余市 15 年

ザ・フラティロン・ルーム
エレガントなイタリア風の壁紙、シャンデリア、それに移動式のはしごが雰囲気満点。目利きのウイスキー愛好家たちが集まる店

37 West 26th Street, New York, NY 10010, USA
+1 212 725 3860 | www.theflatironroom.com

COPPER & OAK コパー＆オーク

NEW YORK, USA

　上質のスピリッツがお好きな方なら、ノース・ムーア・ストリートにあるブランデー・ライブラリーをご存じかもしれない。コパー&オークは同じ経営だが、新しいコンセプトの店だ。とても親密な雰囲気のウイスキーの神殿で、狭くて楽しくてユニークな店。満員になると信号が灯り、ドアがロックされる。立ち去る客がいると、新しい客を歓迎するというサインが出る。「銅とオーク」というネーミングは、この空間にふさわしい。壁はバーボンの樽の廃材でできていて、ウイスキーボトルの古い銅のキャップが洗面所のノブに使われている。極小の店の壁は、客を取り囲むように600本のウイスキーのボトルで埋めつくされている。カジュアルでドレスダウンした店だ。ブランデー・ライブラリーではソフトジャズを流しているオーナーは、ここではアップビートな1980年代ロックをチョイス。予約は受け付けていない。座り心地のいいソファが置かれているブランデー・ライブラリーに対して、こちらは一方のカウンターには高いスツールが並べられ、もう一方のカウンターは立ち席になっている。料理は基本的につまみのみ。

この店が選ばれる理由
これ以上親密な店はない。極小の図書室と上質なスピリッツを楽しむために造られた大聖堂を掛け合わせたような空間だ。オーナーのフラヴィアン・デソブリンは、スタッフの経験が物を言うと語る。「コパー&オークで働いているスピリッツソムリエは、全員ブランデー・ライブラリーのチームの一員でもあり、その3分の2は10年以上勤務しています。全員が日本のウイスキー蒸溜所を訪れた経験があり、日本の飲酒文化のさまざまな側面に精通しています」

店のおすすめ
「1杯目は『秩父 ザ・ファースト』をどうぞ。非常に若いですが、肥土伊知郎が日本のウイスキーの未来を確かに手中にしていることを示しています。続いて『イチローズモルト ミズナラウッドリザーブ』で、日本のオーク（ミズナラ）にしかないユニークな日本風の香りとスパイスのノートをお楽しみください。それから最後は軽井沢を。在庫が尽きてプライベートコレクションにすべて買われてしまう前に、ぜひお試しいただきたいと思います」

157 Allen Street, New York, NY 10002, USA
+1 212 460 5546 | www.copperandoak.com

バーで飲める
日本のウイスキー

サントリーとニッカのリストが希少なボトルも含めて非常に充実しているのに加えて、注目したいのは以下のようなウイスキー。

ホワイトオーク あかし NAS

秩父 ちびダル

**秩父 ニューボーン 2009
ヘビリーピーテッド**

秩父 ポートパイプ

秩父 ザ・ファースト

秩父 ザ・フロアーモルテッド 3 年

イチローズモルト 羽生 1990

イチローズモルト ウイスキートーク

**イチローズモルト 羽生 2000–2010
ザ・ファイナルビンテージ**

イチローズモルト 羽生 23 年

イチローズモルト ミズナラウッドリザーブ

石和 ブレンデッドウイスキー

マルス 岩井

マルス 岩井 トラディション

軽井沢 メモリーズオブ軽井沢 16 年

軽井沢 1981

軽井沢 1981 能シリーズ 31 年

**軽井沢 1984–2012
インターナショナルバーショー**

軽井沢 浅間魂

軽井沢 能 マルチビンテージ

**イチローズチョイス
川崎 1981/BOT. 2009**

コパー&オーク
とても小さく、エレガントな宝石のようなバーは、ウイスキー生産に使われる銅とオークをテーマにした空間

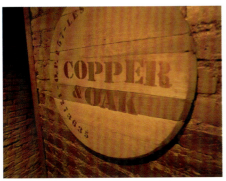

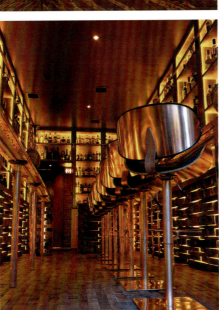

SAKAMAI サカマイ

NEW YORK, USA

ローワーイーストサイドのにぎやかな地区にあるサカマイは、安いビールとつまみをたっぷり出す庶民的なバーが軒を連ねる界隈でオアシスのような存在。「ジャパニーズ・ガストロラウンジ」と銘打つ薄暗い照明の空間は、夜遅くまで酒とつまみが楽しめる日本の居酒屋をアメリカ風にアレンジ。活気あるナイトライフの中心地で、日本のウイスキーや日本酒が楽しめる。日本風のつまみと巻きずしが豊富にそろい、高級な日本風タパスといったメニュー。

この店が選ばれる理由

共同オーナーのナタリー・グレアムによれば、他店にないこの店の魅力は、高度な研修を受けた才能あるスタッフ、それに日本のカルチャーとニューヨークのダウンタウンのバーの魅力を繊細なバランスで組み合わせていること。「うちのチームには酒ソムリエ、受賞歴のあるカクテルの名人、それに日本人のすしのエキスパートをもうならせるシェフがいます。お客様は日本のリキュールとともに、子牛のほほ肉の煮物や銀ダラのみそ焼きなど、さまざまな料理をお楽しみになれます」。バーは日本酒、焼酎、日本のビール、ウイスキーなど、日本の酒類に関しては北米で有数のセレクションを誇る。

店のおすすめ

ナタリーがすすめるのは3種のウイスキー。「最初は『響12年』。円熟した芳醇なブレンデッドウイスキーで、バランスが良く、重層的な味わいです。次は『白州18年』。日本で造られるスコッチスタイルのシングルモルトの傑作で、軽やかでスモーキーなピート風味が絶妙に表現されています。最後が『イチローズモルト 秩父 オン・ザ・ウェイ』。3年、5年、7年のウイスキーをブレンドして造られた、力強くて驚くほどディープで複雑なウイスキーです」

➥ 157 Ludlow Street, New York, NY 10002, USA
+1 646 590 0684 | www.sakamai.com

バーで飲める
日本のウイスキー

サカマイのウイスキーリストはそれほど長いわけではないが、日本のウイスキーらしさとして知られているさまざまな特徴を網羅するよう、注意深いバランスを実現したコレクションになっている。

白州 12 年
白州 18 年
響 ジャパニーズハーモニー
響 12 年
ニッカ カフェグレーン
ニッカ 竹鶴 ピュアモルト 12 年
ニッカ 竹鶴 ピュアモルト 17 年
山崎 12 年
山崎 18 年
余市 15 年
ホワイトオーク あかし NAS
秩父 オン・ザ・ウェイ
秩父 ザ・ピーテッド

サカマイ
居酒屋風の料理と充実のドリンクメニューを、ニューヨークらしい雰囲気で楽しめる

198 第 7 章 世界のウイスキーバー | *Bars Around The World*

OSLO, NORWAY

DR. JEKYLL'S PUB ドクター・ジキルズ・パブ

バーで飲める
日本のウイスキー

ドクター・ジキルズは庶民派のバーだが、
日本の水準からみても希少な傑作が飲める。

軽井沢 マーティンズセレクション 1973

軽井沢 19 年ウイスキーライヴ記念ボトル

軽井沢 1988

軽井沢 1967 42 年

イチローズモルト カードシリーズ
エース・オブ・ダイヤモンズ

イチローズモルト カードシリーズ
フォー・オブ・ダイヤモンズ カスク #9030

イチローズモルト 羽生 23 年

軽井沢 琥珀 1995 10 年

羽生 能ウイスキー 21 年 カスク #9306

余市
スコッチモルトウイスキーソサエティ 23 年

羽生 1988 ナイスバット カスク #9307

軽井沢 能シリーズ 14 年

軽井沢 能 29 バーボン

軽井沢 能 31 シェリー

軽井沢 浅間魂

秩父 ザ・フロアーモルテッド 3 年

秩父 ポートパイプ

ニッカ フロム・ザ・バレル

戸河内 12 年

戸河内 18 年

ドクター・ジキルズ
いつも客でにぎわう大衆的なパブだが、
800人あまりの会員を集めるウイスキークラ
ブも運営し、非常に希少な日本のウイス
キーも置いている

　ここで紹介する店の中では最も気取らず荒っぽいバーで、好意的でないレビューも散見される。いかがわしい裏道にある広いバーは大人気。アイルランドをテーマとしているが、どちらかというとオーストラリアの倉庫に造られた飲み屋のように見える。日本のウイスキーは高級なバーやラウンジで飲まなくてはいけないものではないということを示すべく、ウイスキーリストは驚くほど充実。「ドクター・ジキルズは、日本のウイスキーを飲む客層に変化をもたらしました」と言うのは、マネージャーのピーターアンドレ・ダール。「私たちは特別版のボトルを飲んでみたいという本物の目利きのお客様に選ばれるだけでなく、今では日本のウイスキーのすばらしい品質に目覚めた一般のお客様も店にいらっしゃいます」

この店が選ばれる理由
ドクター・ジキルズは飾り気のないパブだが、800人あまりの会員を集めるウイスキークラブも運営していて、3週間に一度、テイスティングを行う。ウイスキーは一般的なパブよりも充実している。「ウイスキー専門のマネージャーを雇っていますし、ウイスキーにはとりわけ強い情熱と知識を持つスタッフが誇りです」とピーターアンドレは言う。日本のウイスキーの品ぞろえは見事。また、店オリジナルのウイスキーのライン「ドクター・ジキルズ・エクスプレッションズ」では、『軽井沢 能エディション14年』、それにカスクストレングスの日本風スタイルのボルドー・バレル・ウイスキーなどが楽しめる。

店のおすすめ
ピーターアンドレによると、「『ニッカ フロム・ザ・バレル』は、日本のウイスキーを初めて試す人に理想的なウイスキー。『山崎アニバーサリーボトル84』は、ミズナラ樽のウイスキーを試したい方におすすめ。ミズナラ樽を使うとさまざまなアロマと風味が楽しめる複雑なウイスキーになりますが、これはとりわけ卓越しています。そして最後に、『軽井沢1967』。タンニン、スモーク、そしてフルボディの口当たりは、特別な日にぴったりです」。

Klingenberggata 4, 0161 Oslo, Norway
+47 22 41 30 44 | www.jekylls.no

THE HIGHLANDER INN ザ・ハイランダー・イン

SPEYSIDE, SCOTLAND

スコットランドのモルトウイスキートレイルのコースになっているスペイサイドの峰々や峡谷の中心にあり、一見典型的な地方のパブのように見えるザ・ハイランダー・イン。ここで、選りすぐりの日本のウイスキーが見つかるのも、日本のウイスキーの魅力を伝える活動で知られる人物がいるのも、想像しにくい。ザ・ハイランダー・インは小さな村、クライゲラヒにあり、瀟洒なクライゲラヒホテルの目の前に位置する。スコットランドのインに期待できる最良の要素がここに詰まっている。ドラフトビールとシングルモルトウイスキー、リーズナブルに泊まれる部屋、それにおいしくて栄養たっぷりの料理。でも、このパブはさらに、ウイスキーの見事な品ぞろえに加えて、上質な日本のウイスキーを早くから紹介してきた場所であり、現在もすばらしい逸品をそろえていて、他と一線を画する。

この店が選ばれる理由

以前から世界最高のウイスキーバーのひとつに選ばれている。それは、長年にわたり、ウイスキー専門家のダンカン・エルフィックが経営してきた実績による。彼はクライゲラヒホテルを経営していた頃、日本のウイスキーのエキスパートである皆川達也を雇い入れたが、のちにザ・ハイランダー・インに彼を連れて移った。皆川はザ・ハイランダー・インに勤めた最初の2005〜12年の間に日本のウイスキーの品ぞろえを構築し、2015年にはオーナーとなった。その結果生まれたのは、比類のない日本のウイスキーの殿堂。ハイランドのインでありながら、シンガポールや東京、台北などの優れたバーでしかお目にかかれないような日本のウイスキーのリストを備えている。皆川は日本のウイスキーにしかるべき誇りを持っていて、誰よりも早くからその良さを伝える努力をしてきた。スコットランドのウイスキーの中心地にあって、彼は見事にバランスのとれた仕事をしている。ほとんどの客はオープンなマインドを持っていて、ウイスキーが大好きなので、日本のウイスキーが少なくとも上質なスコットランドのシングルモルトのいくつかの銘柄に匹敵しうると認めるという。

店のおすすめ

皆川は、時間が許す限りたくさんの偉大なウイスキーに出会わせてくれるが、以下が特におすすめだという。「『響17年』。日本のクラシックです。『山崎18年』は偉大な複雑さを持つウイスキーで、輝かしい受賞歴があります。『秩父シングルカスク バーボンバレル』は若いが風味がとても豊かで、数年後にはすばらしいウイスキーになるでしょう」

→ Craigellachie, Speyside, Banffshire, AB38 9SR, Scotland, UK
+44 1340 881 446 | www.whiskyinn.com

バーで飲める
日本のウイスキー

サントリーとニッカの充実ぶりに加えて、さまざまなウイスキーが楽しめる。とりわけ注目したいのは下記。

秩父 シングルカスク バーボンバレル 3 年

秩父 ザ・ピーテッド 2015

白州 ウイスキーショップ W. 3 周年記念
シングルカスク

イチローズモルト 羽生 23 年

羽生 シングルカスク
ウイスキートーク福岡 2011

イチローズモルト
カードシリーズ ザ・ジョーカー

イチローズモルト & グレーン

イチローズモルト
ダブルディスティラリーズ ピュアモルト

イチローズモルト ワインウッドリザーブ

響 17 年

マルス モルトギャラリー
アメリカンホワイトオーク

マルス 駒ヶ岳 シングルカスク 25 年

山崎 18 年

山崎 シングルカスク
ウイスキーライヴ東京 2012

ザ・ハイランダー・イン
スコットランドのウイスキー生産地の真ん中にあり、スコットランドの典型的なパブのように見えるが、オーナーは日本のウイスキーに情熱を持つエキスパート、皆川達也

202　第 7 章 世界のウイスキーバー　|　*Bars Around The World*

LONDON, ENGLAND

SEXY FISH セクシー・フィッシュ

バーで飲める
日本のウイスキー

羽生、軽井沢、サントリー、ニッカに加え、
下記のようなウイスキーをそろえる。

秩父 ちびダル

秩父 ポートパイプ

イチローズモルト
ミズナラウッドリザーブ

イチローズモルト
ダブルディスティラリーズ ピュアモルト

イチローズモルト ワインウッドリザーブ

富士御殿場
シングルグレーン ブレンダーズチョイス

富士山麓 18 年

マルス ザ・リバイバル 2011 駒ヶ岳

マルス ザ・ラッキーキャット

マルス モルテージ
駒ヶ岳 ピュアモルト 10 年

マルス モルテージ 駒ヶ岳 ピュアモルト
10 年 ワインカスクフィニッシュ

マルス 駒ヶ岳 2012 シェリーカスク #146

ニッカ フロム・ザ・バレル

レインボーウイスキー

若鶴 サンシャイン 20 年

山桜 15 年 ピュアモルト

山崎 18 年

イチローズチョイス 川崎 1976 33 年

川崎 1982 ウイスキーライヴ東京 29 年
2011

セクシー・フィッシュ
フランク・ゲーリーのデザインによる魚形の
ランプと、デミアン・ハーストやマイケル・
ロバーツのアートで彩られた大胆な空間

セクシー・フィッシュはロンドンのメイフェアの中心にある。2フロアに分かれていて、地下にプライベートルームがあり、レストランとテラスが1階にある。料理は日本をはじめとするアジア諸国の沿岸地方からインスピレーションを得ている。大胆な空間だ。レストランのインテリアは縞大理石の床、ダークなオークを張った壁と柱、それにレザーの長椅子や椅子。天井はアーティスト、マイケル・ロバーツに特注したサンゴの模様のリネンのパネルで飾られている。フランク・ゲーリーの魚形のランプがバーの上につるされ、水の流れる壁がその向こうにある。つやのある黒いシリコンでできた4メートルのモザイクのワニが、ダイニングルームの壁を這う。デミアン・ハーストは3つの特注作品をこのレストランのために制作している。1組のマーメードのブロンズ像がバーの両端を飾り、マーメードとサメをかたどった4.5メートルのブロンズのパネルもある。天然石でできたバーのカウンター席からはキッチンがまっすぐ望める。

この店が選ばれる理由
170種あまりの日本のウイスキーをそろえている。コレクションを作り上げたのはレストラングループのカプリス・ホールディングスでバーのマネージメントを総括するグザヴィエ・ランデ。「独立系の蒸溜所とも、サントリーやニッカをはじめとする有名メーカーとも、過去4年にわたって直接取り引きしてきました」と彼は言う。「ほとんど中毒みたいなもので、コレクションはどんどん大きくなり、今ではヨーロッパ最大になりました」。ウイスキーに詳しいジェローム・アラギュメットも加わり、バーでは1日当たり最低1時間は、そのコレクションに加える新しい日本のウイスキーをリサーチするために費やしている。

店のおすすめ
「ニッカ フロム・ザ・バレル」は「すばらしい入門レベルのウイスキーで、手ごろな価格で個性的な味が楽しめます」。「山崎18年」は「シルクのようになめらか。オイリーで複雑で、フルーティーで爽やか。安くはありませんが、決してがっかりさせません」。「軽井沢30年 #5347シェリーカスク 芸者ボトル」は「濃厚でリッチで甘く、永遠に思われる余韻があります。あまり残っていないので、1杯ごとが非常に貴重です」。

➥ Berkeley Square, London W1J 6BR, UK
+ 44 203 764 2000 | www.sexyfish.com

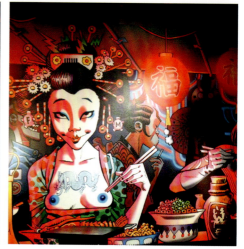

LONDON, ENGLAND

SHŌCHŪ LOUNGE ROKA　ショーチュー・ラウンジ・ロカ

バーで飲める
日本のウイスキー

このバーではサントリーとニッカの人気の銘柄のほか、真の希少品もそろえている。

山崎 12 年
山崎 18 年
山崎 25 年
白州 12 年
白州 18 年
ニッカ 竹鶴 ピュアモルト 12 年
余市 NAS
余市 12 年
宮城峡 NAS
宮城峡 12 年
軽井沢 シェリーカスク 30 年
軽井沢 バーボンカスク 29 年
軽井沢 1981
羽生 2000
ズマ・ロカ・シングルカスク #919
マルス 駒ヶ岳 ザ・リバイバル 2011
戸河内 8 年
戸河内 12 年
イチローズモルト ワインウッドリザーブ
秩父 ポートパイプ
秩父 ザ・ピーテッド
秩父 ちびダル
秩父 オン・ザ・ウェイ
ホワイトオーク あかし NAS

ショーチュー・ラウンジ・ロカ
ワイルドでクレイジーな壁画、抑えた魅惑的な照明、日本のお酒を豊富にそろえたドリンクメニュー。アイコニックなレストラン、ロカの姉妹店であるこのバーは行ってみる価値大

ロカの店内に足を踏み入れれば、現代的な日本料理店のクリーンでおしゃれな空間が広がり、クラス、スタイル、洗練が感じられる。世界的に評判の質の高い料理は、静かに効率よく提供される。スタッフはきめ細かくプロフェッショナル。最高級の肉、シーフード、野菜に、一流シェフが腕をふるう。それから地下のショーチュー・ラウンジに行くと、そこは驚くべき別世界。雰囲気満点のセクシーで退廃的な香りがする隠れ家風バーは、日本をモチーフにした派手な壁画と若々しいバイブスがロカとは対照的。楽しい空間だが、ウイスキーにかけては本格派だ。

この店が選ばれる理由
階段を下りてショーチュー・ラウンジに入れば、理由は一目瞭然。これほど巧妙に階上のレストランとコントラストを描くように設計されたバーは他にないだろう。マネージャーのジェイムズ・シアラーは言う。「この場所では、日本の味を2つの違ったやり方で体験していただけます。聴覚と視覚を刺激する空間で、すばらしい品ぞろえの日本のウイスキーや焼酎、日本酒、それに卓越した技術を生かしたカクテルと料理が楽しめます。バーの自慢はユニークな雰囲気で、ディテールにも細かい気配りが行き届いています」

店のおすすめ
ジェイムズによれば、「個性的で限定的なウイスキーを2つ。『羽生2000シングルカスク』57.6％は、ロカとズマのために特別に買い付けてボトリングしました。ウッディーで濃密な風味があり、タフィーとスパイスも感じさせます。水を少量加えると味が引き立ちます。『軽井沢1981』63.4％はダークなウイスキーで、シェリーカスク、ダークベリー、リコリス、スパイスのノートがあります。残っているボトルはわずかですから、なくなったらもうおしまい。一生に一度は味わいたいウイスキーですよ。それから、サントリーの『山崎18年』43％は、評判にたがわずすばらしいウイスキー。常に人気が高く、トップクラスの逸品です。最後にニッカの『余市2015NAS』43％。ニッカはすばらしい入門レベルのウイスキーを出していますが、これはその一例で、余市の特徴であるやわらかなピートのノートが楽しめ、ストレートでもカクテルでもおいしく飲めます」。

37 Charlotte Street, London W1T 1RR , UK
+44 207 580 6464 | www.rokarestaurant.com

TONKOTSU トンコツ

LONDON, ENGLAND

トンコツは広々としたバー・ラーメン店で、クリーンですっきりとした機能的な家具と、スタイリッシュなカウンター席と円形のベンチを備えた空間。打ちたての麺と長時間煮込んだスープで作られる、ロンドンでも有数のおいしいラーメンを出すラーメン店の正面には、長く伸びる亜鉛メッキのバーカウンターがある。バーの向こうにある居心地のいいボックス席でディナーを楽しむのも、バーカウンターに座って、料理に合うウイスキーを選んでくれるスタッフと会話しながら、ウイスキーとつまみをじっくり味わうのもいい。

この店が選ばれる理由

60種あまりのウイスキーがあり、そのうちのほとんどが日本のウイスキー。ニッカとサントリーの豊富なセレクションには希少なボトルも含まれる。インドのゴアのポール・ジョン、それに台湾のカヴァランも数種類そろえる。バーマネージャーのデヴィッド・リグリーとマルティーナ・フォルトゥナートは、数年かけてウイスキーリストを充実させてきた。ふたりはウイスキーテイスティングも定期的に開催し、メニューにある料理のほとんどとウイスキーをマッチングさせて提案している。

デヴィッドが言うには「ワインと同じようにテロワールについて考えるのが役に立ちます。沿岸地域で造られるウイスキーは力強い塩味の要素があり、魚やすしととりわけよく合います。それからウイスキーに特徴的な味やアロマをもとに、それが料理とどのような相性を見せるかを考えることもあります。とくにナッツの風味が目立つウイスキーなら、キノコなど土の香りのある食材に組み合わせます。果物の風味が強いウイスキーなら、豚肉と一緒に楽しむことをお勧めします」。

店のおすすめ

「日本のウイスキーの特色を典型的に示す傑作が『響17年』です」とデヴィッド。「ミズナラの特徴であるココナッツと白檀、それに松やにとオークの風味が楽しめます。それから『イチローズモルト ダブルディスティラリーズ』は、羽生蒸溜所のウイスキーを使っています。バニラ、ココナッツ、それに全般にバーボンのような特徴が最初に現れ、すばらしい木とスパイスのノートが続きます。少し変わったものをということなら、ニッカの『カフェモルト』は完璧。クリーンな柑橘類と、濃密なスパイス、リッチなオークが表現されています」

📍 382 Mare Street, London E8 1HR, UK
+44 208 533 1840 | www.tonkotsu.co.uk

バーで飲める 日本のウイスキー

トンコツの日本のウイスキーコレクションは、コアな定番と、希少な変わり種のモルトの逸品をそろえている。

ホワイトオーク あかし NAS

イチローズモルト ワインウッドリザーブ

秩父 ちびダル

白州 18年

響 17年

イチローズモルト ダブルディスティラリーズ ピュアモルト

イチローズモルト & グレーン

軽井沢 浅間魂

マルス モルテージ 越百

宮城峡 15年

ニッカ カフェグレーン

ニッカ カフェモルト

初号スーパーニッカ復刻版

マルス 駒ヶ岳 ザ・リバイバル 2011

戸河内 18年

ニッカ 竹鶴 ピュアモルト 17年

山崎 バーボンバレル

山崎 パンチョン 2013

山崎 18年

トンコツ
スタッフは料理とウイスキーのきめ細やかなペアリングが得意だ

PARIS, FRANCE

LE SHERRY BUTT ル・シェリー・バット

バーで飲める
日本のウイスキー

数多くのバーが集まるパリにあって、日本の
ウイスキーは、店の特徴的な魅力のひとつ
になっている。

秩父 ザ・ファースト

秩父 ポートパイプ

秩父 ちびダル

ニッカ カフェグレーン

ニッカ カフェモルト

白州 12 年

白州 18 年

羽生 1990 ザ・ウェイヴ カスク #9305

イチローズモルト カードシリーズ
エイト・オブ・クラブズ 1988

響 12 年

響 17 年

響 21 年

軽井沢 浅間魂

宮城峡 10 年

宮城峡 12 年

ニッカ フロム・ザ・バレル

ニッカ 竹鶴 ピュアモルト 21 年

山崎 12 年

山崎 18 年

山崎 1979 ミズナラ樽

余市 10 年

余市 12 年

余市 15 年

ル・シェリー・バット
田舎風のカフェバーのスタイルで、居心地
が良く親密な雰囲気の中、充実したセレク
ションのウイスキーが楽しめる

ル・シェリー・バットは、マレ地区の小さな裏通りにあり、サン
ジェルマンのにぎやかなカクテルバーと、バスティーユのヒップな
バーをつなぐ中継地点ともいわれる。2014年に、パリのカクテルシー
ンで長いキャリアを持つふたりの人物が開業し、当初のコンセプ
トはやはりカクテルバーだった。最初から上質なウイスキーが60本
置かれていたが、それが今では100本を超え、日本のウイスキーも
自慢。その結果、カクテルと同じくらいウイスキーも重要な位置を
占めるようになった。バーには2つの広い部屋があり、田舎風の雰囲
気が存分に味わえる。レンガの壁と、バーの季節ごとのカクテルの
レシピを書いた大きな黒板がポイントだ。これらのほとんどは手作
り。リラックスした親密な雰囲気で、座り心地のいいレザーのソフ
ァが2つの部屋に置かれている。料理はシンプルな軽食。

この店が選ばれる理由
上質な世界のウイスキーと、卓越したカクテルの両方が楽しめる。ル・シェ
リー・バットは、カクテルが好きな人にも、ウイスキーの魅力を知ってもら
うことを目指す。「リストには12種のカクテルを季節ごとにそろえています。
それと選りすぐりのウイスキー4種のテイスティングが、オークのトレイに
載せたグレンケアンのグラスで楽しめるセットもご用意しています」と説明
するのは、創業者でオーナーのアモリー。「そのおかげで、ウイスキーの愛
飲家も、ふだんカクテルを飲まれる方も、同じようにお越しいただいていま
すし、さらにカクテルバーの一般的なお客様もいらっしゃいます。私はいつ
も、お客様には1杯目はカクテルからスタートして、余力があれば本格派の
蒸溜酒をオーダーするようにお勧めしています。日本のウイスキーはどんど
ん希少になっていますが、10～15種をメニューに載せています。グラス冷
蔵用キャビネット、それに完全に透明な氷を使っていることから、パリの
バーシーンでも特別な店です」

店のおすすめ
「もしも3つ選ぶとしたら、まずは『羽生1990ザ・ウェイヴ』。私が常に一番
好きなウイスキーです。次に『軽井沢1969』。まだ店にある中で最も希少な
1本です。それから『余市10年』。シンプルにおいしいですし、当分の間生
産を中止することになってしまったので」

➤ 20 rue Beautreillis, 4e Arrondissement, 75004 Paris, France
+33 9 83 38 47 80 | www.sherrybuttparis.com

LE GAMIN ル・ギャマン

PARIS, FRANCE

ル・ギャマンは、フランスに無数にある典型的なカフェのように見える。バーを兼ねていて、新聞が読める場所。他のバーやショップと軒を連ね、オーナーのイアブとイメーヌ・ミカエル夫妻によれば、同じ通りだけで40軒もバーが集まるにぎやかな観光地区にある。店は当初、ふたりが変身させることを決めるまで、他と変わらないありふれたバーだった。今では、マダム・ミカエルが言うように「アリ・ババの洞窟みたいな店です」。実際、インテリアは少し東洋風で、素朴な家具が置かれており、カウンターはいい感じで雑な造りだ。

この店が選ばれる理由

ウイスキーとラムの充実した品ぞろえ、店内で焼かれるクレープ、それにフランス的な生きる喜びを体現するオーナーたち。「ある日、夫がウイスキーを飲みたくなって、何軒ものバーに行ってみたのですが、どこもほとんど同じボトルばかりで、選択の幅がなかったのです」とマダム・ミカエルは振り返る。「スピリッツのチョイスを広げたいと考えるようになり、ウイスキー、ラム、ジンの品ぞろえを増やし始めました。最初は40種のウイスキーを置くことが目標でしたが、それがやがて60になり、80、120と増えていきました。今では世界中の200種近いウイスキーを置いています」

店のおすすめ

「『山崎18年』は2007〜13年に多数のメダルを獲得していて、シェリー樽と日本のミズナラ樽のウイスキーで造られています」とイメーヌは言う。「けっしてがっかりさせることのないウイスキーです」。ニッカ「余市1991」は、「23年物のシングルカスクで、世界的に423本しか出回っておらず、日本のウイスキーの中でもとりわけ愛好家が必死で手に入れたいと願うレアものです」。それから軽井沢はさまざまなビンテージを。「今一番需要の高い入手困難なモルト。2000年に生産がストップして2011年に蒸溜所が解体されると、価格は上がり続けました。1981年、1982年、1983年、1984年と、4つのビンテージがあります。2つはバーボン樽、2つはシェリー樽。本当に貴重なウイスキーです」

バーで飲める
日本のウイスキー

風変わりで趣のある居心地のいいカフェバーは、実はかなりの本格派であることが、日本のウイスキーリストを見るとわかる。

白州 12 年
白州 18 年
響 12 年
響 17 年
響 21 年
軽井沢 (さまざまなビンテージ)
宮城峡 10 年
宮城峡 15 年
ニッカ ピュアモルト ブラック
ニッカ フロム・ザ・バレル
ニッカ カフェグレーン
ニッカ 竹鶴 ピュアモルト 12 年
ニッカ 竹鶴 ピュアモルト 17 年
ニッカ 竹鶴 ピュアモルト 21 年
山崎 12 年
山崎 18 年
山崎 バーボンバレル
余市 20 年

➡ 34, rue de Lappe Bastille, 11e Arrondissement, 75011 Paris, France
+33 1 40 21 01 82 | legaminbastille.fr

ル・ギャマン
アリ・ババの洞窟のようとも言われる店

MUNICH, GERMANY

SUSHI & SOUL スシ＆ソウル

バーで飲める
日本のウイスキー

スシ＆ソウルは200種ほどの日本のウイスキーをそろえ、ニッカの2つの蒸溜所を中心にシングルカスクのボトルや非常に希少なウイスキーも置いている。

秩父 ちびダル 2009 カスク #286

イチローズモルト
ダブルディスティラリーズ ピュアモルト

イチローズモルト
ミズナラウッドリザーブ

イチローズモルト 羽生 2000–2010
ザ・ファイナルビンテージ

ニッカ ゴールド＆ゴールド サムライ

ニッカ ピュアモルト ブラック 8 年

スーパーニッカ レアオールド

スーパーニッカ原酒

ニッカ 70 周年記念限定製造ウイスキー
ジ・アニバーサリー 12 年

ニッカ 北海道 12 年

サントリー 1991 古樽仕上げ

サントリー 角瓶

サントリー 1981 木桶仕込

サントリー ミレニアム 2000

サントリー リザーブウイスキーシルキー

サントリー ローヤル

ニッカ 鶴 17 年

スシ＆ソウル
ウイスキーセミナーを年間40〜50回開いて、
ウイスキーの魅力を幅広く伝えている

ミュンヘンの中心にある店は、平均的な日本料理店よりも広く、180席ある。インテリアはクラシックな要素で構成され、永遠に古びないスタイル。中心にあるのが30人ほどが座れる居酒屋スタイルの長テーブルで、そのわきには小さなグループやカップル向けに通常の西洋式のテーブルが置かれている。さらに、小さな暖炉を備えた畳のお座敷もある。すしカウンターが長テーブルの端にあり、すし職人が調理する姿を見ながら食事ができる。すしのほか、誰でも親しみやすいメニューである焼鳥から、デザートの抹茶ムースまで、日本料理の温冷さまざまなメニューがある。

この店が選ばれる理由
日本をテーマにしたカクテルとロングドリンクに加え、日本のウイスキーのセレクションは増え続けている。「10年ほど前から、店で注文を受けるよりもずっと多くの日本のウイスキーを買い付けてきました」と説明するのは、オーナーのクリス・ヘルプスト。「今では200種に達し、世界最大の日本のウイスキーコレクションです。とりわけ羽生、軽井沢、余市、それに宮城峡のシングルカスクは充実しています」
スシ＆ソウルはまた、ウイスキーの知識を広める活動でも主要な役割を果たしている。「ウイスキーセミナーを年間40〜50回開いていて、在庫切れのボトルが試飲できるチャンスも提供しています。ほとんどのお客様は食後酒としてウイスキーを飲まれますが、料理とのマッチングを楽しまれるお客様もどんどん増えています」

店のおすすめ
「私たちが今一番気に入っているのは『秩父ファーストフィル バーボン樽シングルカスク2008/2014』。東京新宿のショットバー ゾートロープとシェアしたボトリングもあります。61.6％という強さですが、味には荒々しさはなく、黄色いプラム、モモ、洋梨の力強くフルーティーなアロマと、バニラプディングとフルーツの砂糖煮の濃厚な風味が感じられます。それから、私たちはニッカの余市と宮城峡の蒸溜所の大ファンでもあります。日本に定期的に出かけると、ヨーロッパではお目にかかれなさそうなボトルを仕入れて帰ります」

➥ Klenzestraße 71, 80469 Munich, Germany
+49 0 89 201 09 92 | www.sushi-soul.de

DOM WHISKY ドム・ウイスキー

WARSAW, POLAND

「ウイスキーの家」と訳すことのできるドム・ウイスキーは、ポーランド国内の3都市、ヤストシェンビャ・グラ、ヴロツワフ、そしてワルシャワに店を構えるバーだ。それぞれが少しずつ違ったウイスキーのコレクションを備えている。「ポーランドでウイスキーを専門とするバーはこの3軒だけ。それぞれ1700本以上のボトルをそろえています」と、バーの広報は語る。「ドム・ウイスキーはスコットランドの蒸溜所をモデルに設計されていて、アンバサダーたちはスコットランドの民族衣装のキルトを着ています。夏には音楽の生演奏も行われます。ウイスキーのテイスティングも行っています」。2000年からは、スタッフが定期的に日本を含む世界中の蒸溜所を訪ね、ウイスキー業界の状況と伝統をとらえた店づくりに役立てている。

この店が選ばれる理由

ドム・ウイスキーは世界の偉大な蒸溜所をお手本にしているが、ポーランドらしさもあり、ここでウイスキーを飲むのは楽しい体験だ。グループの3軒のバーには研修を受けたプロフェッショナルであるウイスキーアンバサダーが勤務している。スタッフたちはパリ、ロンドン、リンブルフのウイスキーフェスティバルにも参加し、毎回マスタークラスに参加。スコットランドとアイルランドへの研修旅行を毎年行い、蒸溜所を訪ねている。独自のウイスキーフェスティバルを主催し、世界中の業界のプロが招かれて講演を行っている。

店のおすすめ

「『響12年』は、世界の注目と評価を集めた最初の日本のブレンデッドウイスキーのひとつ。フルーツのアロマと複雑さに満ちています。梅酒樽での熟成もすばらしい個性になっています（ポーランド人はチョーヤが大好きなので）。それから『ニッカ カフェモルト』もどうぞ。クリーンな爽やかさから、スパイシーなコクまで、幅広い風味があり、日本のウイスキーの世界を探検するスタート地点にふさわしい、偉大なモルトです。最後に『山崎18年』は、豊かでウッディー、フルーティーでシェリーの風味があり香り豊か。日本最古の蒸溜所で造られるすばらしいバランスの伝説的ウイスキーです。これを置いているのはポーランドではうちだけですし、中欧でも珍しいです」

➡ COCKTAIL BAR MAX & DOM WHISKY
Ul. Krucza 16/22, 00-525 Warszawa Poland
+48 691 71 00 00 | www.domwhisky.pl

バーで飲める
日本のウイスキー

3軒のドム・ウイスキーは、それぞれ固有のウイスキーリストがある。ワルシャワ店ではサントリーとニッカのウイスキーはほとんど全種類をそろえ、さらに下記のような珍しいウイスキーもそろえている。

若鶴 サンシャイン20年
サントリー ウイスキーエクセレンス
ニッカ ゴールド＆ゴールド サムライ
ニッカ ピュアモルト ホワイト
ニッカ ピュアモルト ブラック
ニッカ ピュアモルト レッド
響 12年
石和 ブレンデッドウイスキー
石和 シングルモルト 10年
石和 モルトヴィンテージ 1983
イチローズモルト
ミズナラウッドリザーブ
宮城峡 1990 シングルカスク
宮城峡 15年
ニッカ オールモルト
ニッカ ピュアモルト ブラック 8年
ニッカ カフェモルト
ニッカ カフェグレーン
スーパーニッカ レアオールド
ホワイトオーク 刻の香 ブレンデッドモルト
山崎 18年

ドム・ウイスキー

ワルシャワ店。ドム・ウイスキーはポーランドに3軒あり、いずれも独自のウイスキーリストを持ち、スタッフはウイスキーに情熱と努力を惜しまない

AULD ALLIANCE オールド・アライアンス

SINGAPORE

世界中から非常に希少なウイスキーを集めているオールド・アライアンスは、日本のウイスキーの膨大なセレクションを誇る。ディレクターのエマニュエル・ドロンによれば、東京以外でこれだけ多様な日本のウイスキーを出す店はないはずだという。希少なボトルも開けないということはなく、開けた場合はフェイスブックに写真をアップする。「それを見るとすぐに、開けたばかりの特別なボトルのウイスキーを飲むために、シンガポールまでお客様がいらっしゃいます。すぐになくなってしまうのではないかと不安になるからです。毎月、香港、台湾、それに日本からもお客様をお迎えします。朝の便で到着し、バーに直接お越しになり、翌朝、あるいは当日の夜に帰国される方すらいらっしゃいます。ちょっと異常ですが、本当に毎月のようにそのような事態が起こります。非常に希少なウイスキーを開封してグラスで出すバーは、今では世界でもうちの店くらいしかありませんから」

この店が選ばれる理由

本当に貴重なウイスキーが見つかるうえ、チョイスが非常に幅広い。さらに、優れたスタッフも自慢だ。エマニュエル・ドロンは、ウイスキー業界で20年を超える経験を持ち、そのうち13年はパリのラ・メゾン・デュ・ウイスキーで働いていた。「私たちは大きな情熱を持っています」と彼は言う。「私はあちこち旅をしますが、その時に必ずスタッフのひとりを連れて行って経験を積んでもらいます。私たちはみな世界最高級のウイスキーのほとんどを飲んだことがあるのですから、ラッキーですね」

店のおすすめ

最初の1杯に、エマニュエルが勧めるのは「『ニッカ竹鶴35年』。年間1000本だけの限定生産で、入手は非常に困難です。ヨーロッパでは販売されませんでした。非常に洗練された日本のウイスキーで、すばらしい赤いフルーツの風味があります。1960年代の古き良きスタイルのロングモーンを思わせます。私はいくつかのバッチを試したことがあり、どれも本当に気に入りました」。次は、『マルス駒ヶ岳25年』。「このボトルは、賞を次々と獲得するようになる前から、私はよく知っていて、上質な樽の風味と、エレガントで酸味のあるフルーツのノートが大好きでした」。そして最後に、山崎の『ザ・カスク オブ ヤマザキ シェリーバット1990』。「常にとてもクリーンで、硫黄のノートが全く感じられません。ぜいたくすぎるようなウイスキーですが、私はやっぱり好きです」

➤ 9 Bras Basah Road, RendezVous Hotel, Singapore 189559
+65 6337 2201 | www.theauldalliance.sg

バーで飲める
日本のウイスキー

シンガポールのオールド・アライアンスには、世界でもほとんど類を見ない日本のウイスキーのコレクションがあり、羽生と軽井沢のさまざまなボトルを含めて220種をそろえる。下記はほんの一例。

ホワイトオーク あかし NAS

秩父 ポートパイプ

**イチローズモルト
カードシリーズ（20種あまり）**

響 12年

響 17年

響 21年

響 30年

響 ディープハーモニー

響 メロウハーモニー

**軽井沢 カスクストレングス
第1弾、第2弾、第3弾**

軽井沢 シードラゴン 2000 12年

軽井沢 能シリーズ 14年

軽井沢 シングルカスク（セレクション）

**マルス 岩井 トラディション
ワインカスクフィニッシュ**

マルス 駒ヶ岳 シングルカスク 25年

宮城峡 10年

宮城峡 12年

宮城峡 15年

宮城峡 シングルカスク（セレクション）

ニッカ 竹鶴 35年

ザ・ニッカ 40年

余市 10年

余市 12年

余市 15年

余市 20年

オールド・アライアンス
ランデヴーホテルの2階にあるバーは、60人ほどが入れる広さだ

BINCHO　ビンチョー

SINGAPORE

大阪の焼鳥の屋台にインスピレーションを得たビンチョーは、街の中心部の喧騒を逃れられる隠れ家。居心地が良く親密な場所でウイスキーが楽しめる。70年の歴史を持つ伝統的なコピティアム（コーヒーショップ）の中にあり、小さなダイニングエリアで味わえるのは、おまかせの焼鳥などのおいしい料理のコース。古めかしいミーポック（麺）の屋台、緑色の大理石のテーブル、それに使い込んだ木の椅子、オープンスタイルの焼鳥のカウンターがあしらわれている。バーは伝統的なシンガポールのスタイルにモダンなアレンジを加えているが、最良のウイスキーはバーの後ろにある。スタイリッシュな倉庫風のスペースに、見事なセレクションの日本のウイスキーがそろう。

この店が選ばれる理由

ビンチョーはクラブのような場所だが、親密で入りやすい雰囲気で、ウイスキー愛好家も、日本が好きな人たちも集う。シンガポールの伝統的な建築との組み合わせにより、特別で個性的なディナーが楽しめる。ヘッドバーマンでカクテルが得意なバーテンダーのジョー・チャンは「店の規模は小さいですが、日本のウイスキー（40種あまり）のコレクションではシンガポールでも有数です」と語る。ウイスキーのほか、日本酒や日本のクラフトビール、焼酎、旬の新鮮な果物を使った日本風カクテルなども充実している。

店のおすすめ

ジョーによれば「『笛吹郷1983』は非常に珍しく、日本国内でしか販売されていないウイスキーです。フルボディでピート風味が強く、ラフロイグなどのモルトがお好きな方にぴったりです。ニッカの『カフェモルト』は、カフェスチルポットで蒸溜されたウイスキーなので、風味がしっかりと保たれています。このウイスキーはやや甘口で、ピート風味は弱め。ウイスキーを初めて試す方にぴったりです。『イチローズモルト エース・オブ・クラブズ』は、カードシリーズのジョーカーの手前にある52種のうちの最後の4枚に当たります。発売と同時に売り切れましたが、このバーは幸運にも1本手に入れました」。

➡ BINCHO·THE MEE POK STALL AT HUA BEE
78 Moh Guan Terrace, Singapore 162078
+ 65 6438 4567 | www.bincho.com.sg

バーで飲める
日本のウイスキー

ビンチョーは日本のウイスキーの多彩な品ぞろえが魅力で、「イチローズモルト 羽生2011 東京ウイスキーライヴ」や「サンシャイン20年」といった真のレアものも見つかる。

ホワイトオーク あかし NAS

秩父 ポートパイプ

イチローズモルト カードシリーズ
エース・オブ・クラブズ 2000

イチローズモルト
羽生 2011 東京ウイスキーライヴ

イチローズモルト
カードシリーズ シックス・オブ・ハーツ

マルス 岩井 トラディション
ワインカスクフィニッシュ

富士山麓 18 年

若鶴 サンシャイン 20 年

サントリー 知多 シングルグレーン

山崎 12 年

山崎 18 年

山崎 25 年

白州 12 年

白州 18 年

白州 25 年

ニッカ 竹鶴 ピュアモルト 12 年

宮城峡 15 年

宮城峡 20 年

ビンチョー

伝統的なコーヒーショップを変身させたバーは、ミーポックの屋台と使い込んだ木の椅子をあしらい、シンガポールの往時をしのばせる

220-221ページ

ビンチョーのメニューには明太子風味の焼鳥などがある

CLUB QING クラブ・チン

HONG KONG

クラブ・チンは美術館と居心地のいいラウンジ、そしてウイスキーの神殿を掛け合わせたような場所で、日本のウイスキーはとりわけ充実。オーナーのアーロン・チャンはウイスキー愛好家でコレクターでもあり、常に新しいウイスキーを探求している。重いアンティークスタイルの木のドアの向こうは、居心地が良くきちんと手入れされたバーエリア。その一角には、イチローズモルト カードシリーズの完全なセットをはじめとする希少なウイスキーがディスプレイされている。

バーでは、フライ、チーズプラッター、冷製の盛り合わせ、スナックなどのシンプルなバーフードを出す。「でも、私たちは、ウイスキーと料理のペアリングには完全に懐疑的です」とアーロンは言う。「お客様には食べながら飲むことは勧めません。舌をだめにしてしまい、ウイスキーを台無しにしてしまいます」

この店が選ばれる理由

「私たちのウイスキーのコレクションは、比類がありません」とアーロンは言う。日本の過去と現在のすべての蒸溜所を網羅する200ほどのボトルを開けてご用意しています。軽井沢シングルカスクの中でもとりわけ希少なボトルや、羽生の（イチローズモルト）カードシリーズなど。希少なボトルが空いてしまうと、また別の（種類の）ボトルを開けるようにします。こうして、お客様が何度足を運んでも必ず希少なウイスキーが味わえるようにしているのです。バーの一角は希少な古いボトルに充てていて、1940年代にさかのぼるボトルもあります。羽生の（イチローズモルト）カードシリーズの54本が完全にそろったセットもコレクションに含まれます。地球上に6つしか完全なセットはないと言われていて、香港では唯一のセットです」とアーロンは誇り高く言う。

店のおすすめ

「難しい質問です」とアーロンは言う。「ボトルは開けると比較的早くなくなってしまいます。一般的に、私はお客様に羽生の（イチローズモルト）カードシリーズや、1980年代の軽井沢や山崎のシングルカスクといった希少なボトルをお勧めすることが多いです。こうしたウイスキーがグラスで注文できる場所は、香港ではうちだけですから」

➡ 10/F, Cosmos Building, 8-11 Lan Kwai Fong, Central, Hong Kong
+852 9379 7628 | www.clubqing.com

バーで飲める
日本のウイスキー

バーは200本を超える日本のウイスキーのボトルを置いていて、世界最大規模のコレクションを誇る。

マルス 駒ヶ岳 ザ・リバイバル 2011
戸河内 8 年
戸河内 12 年
山崎 12 年
山崎 18 年
山崎 25 年
白州 12 年
白州 18 年
余市 （各種）
宮城峡 （各種）
軽井沢 （各種）
イチローズモルト カードシリーズ
秩父 ポートパイプ
秩父 ザ・ピーテッド
秩父 ちびダル
秩父 オン・ザ・ウェイ
響 12 年
響 17 年
響 21 年

クラブ・チン
バーと美術館の交差点とも表現される店は、希少なウイスキーが味わえるエリアを備える

SOKYO LOUNGE
ソーキョー・ラウンジ

SYDNEY, AUSTRALIA

ソーキョー・ラウンジは、ザ・ダーリングホテルのロビーにあり、階上にはカジノを備えるが、シドニーで静かにリラックスしたい時に訪れたい場所だ。エレガントで洗練された上質な空間に加えて、注意深くしかもでしゃばらないサービスも人気。くつろいでスタイリッシュなディナーやドリンクが楽しめる。ラウンジは趣味が良く、モダンな日本の絵画が飾られ、ビロードの長椅子が置かれている。かすかに流れる音楽と落ち着いた雰囲気は、日本の料理やお酒を味わうのにぴったり。ソーキョー・ラウンジはシドニーではとても評判の良い日本料理店で、ウイスキーはその重要な要素だ。バーで出される絶品の料理とともに日本のウイスキーを味わう人は増え続けている。

この店が選ばれる理由
ラウンジの客層は多彩なので、料理とドリンクの双方のメニューに精通した優秀なスタッフが重要な存在だ。「お客様の好みと苦手なものをお聞きして、オーダーメードのようなメニューを提案し、どんな材料からでもカクテルを作ります」とバーマネージャーのパトリシア・サロモは言う。「お客様は、聴きたい音楽をリクエストすることもできます」。シドニーのバーでは珍しく、360度に広がる空間だ。

店のおすすめ
パトリシアによると、「『ニッカ宮城峡12年』。繊細なスモーキーさに加え、花とハチミツのような甘さのフルーツのノートがあり、特別なウイスキーです。バランスが完璧で、和食によく合います。『響ジャパニーズハーモニー』は若く年数表示のないウイスキーの傑作。軽やかで、でも風味は複雑で、オレンジピールとホワイトチョコレートのノートがあり、さらにコショウのようなスパイシーさも少しあります。『響ジャパニーズハーモニー』を味わう最良の方法は、伝統的なやり方で、ハイボールグラスを使うことです。そして、『ニッカ竹鶴17年』。ぴりっと刺激的でオイリーな香りに続いて、フルボディでピートが強く、スパイシー。すしとのペアリングには異論を唱える向きもあるでしょうが、時と場所を問わず、またどんな食べ物に合わせてもおいしく味わえる上質のブレンデッドウイスキーです」。

➡ The Star, The Darling, 80 Pyrmont Street, Sydney, Pyrmont NSW 2009, Australia
+61 2 9657 9161 | www.star.com.au/sydney-nightlife/sokyo-bar

バーで飲める
日本のウイスキー

ソーキョーでは日本の外ではまずお目にかかれないようなボトルをいくつか置いているうえ、大手メーカーのウイスキーもフルにそろえている。

山崎 12 年
山崎 ディスティラーズリザーブ
山崎 18 年
白州 12 年
白州 ディスティラーズリザーブ
響 12 年
響 17 年
響 ジャパニーズハーモニー
ニッカ オールモルト
ニッカ フロム・ザ・バレル
ニッカ 竹鶴 ピュアモルト 12 年
ニッカ 竹鶴 ピュアモルト 17 年
余市 10 年
余市 15 年
宮城峡 12 年
サントリー 角瓶
ホワイトオーク 刻の香
ブレンデッドモルト
ホワイトオーク あかし NAS
ホワイトオーク あかし 14 年
ホワイトオーク あかし 15 年
レインボーウイスキー
マルス 岩井 トラディション
マルス 岩井 トラディション
ワインカスクフィニッシュ
モンデ ローヤルクリスタル

ソーキョー・ラウンジ
スタイリッシュでラグジュアリーなザ・ダーリングホテルのロビーにあり、美食と多彩なドリンクメニューで知られる

UNCLE MING'S BAR アンクル・ミンズ・バー

SYDNEY, AUSTRALIA

店の場所がわかりにくいので、まずは見つけなくてはならない。スーツ専門店の地下にあり、その売り場を通り抜けたところに入り口がある。アンクル・ミンズ・バーはシドニーの中心にあるが、アヘン窟のような雰囲気が漂うアンダーグラウンドなバー。ダークでお香のにおいがしていて、独特な雰囲気のムーディーなバーは、日本のウイスキーと中華の点心をはじめとするアジア料理を出す。アジアのピンナップガールの絵が一面に張られた壁をランプが照らし、クールな音楽が背景に流れる。トレンディーで刺激的な驚きに満ちた空間だ。バーの棚の大部分を占めるのが日本のウイスキーで、店の売りにもなっている。たとえばカクテルの「アンクル・ミンズ・オールドファッションド」はアメリカのウイスキーではなく山崎のウイスキーを使う。「オーストラリアでは2年ほど前から、日本のウイスキーの人気が急上昇しています」と、アンクル・ミンズ・バーのシャロン・ベストは2015年の時点で振り返った。「オーストラリア人は、日本のマスターブレンダーと蒸溜所の全体のレベルは、スコットランドと同等かそれを上回ると認識しているのです」

この店が選ばれる理由

店に入るとすぐに、スタイリッシュでユニークな雰囲気に圧倒される。アンクル・ミンズ・バーは、日本のウイスキーにかけては南半球有数の規模のコレクションを誇る。アジアのビールとスピリッツも充実している。「キッチンでは、店で置いているお酒によく合うおいしい点心やアジア風のつまみをご用意します。伝統的なレシピに日本風のひねりを加えたウイスキーカクテルもあります」とシャロン。「楽しくてくつろいだバイブスがあり、お客様には店にいらっしゃるたびにすばらしい体験をしていただけるよう努力しています」

店のおすすめ

シャロンによると「私なら、サントリーの『白州18年』、ニッカの『カフェモルト』、それに秩父の『ちびダル2010』を選びます」。

バーで飲める
日本のウイスキー

ウイスキーリストは日本の大手3メーカーの銘柄がほとんどで、希少なブレンドも含む見事なセレクション。

秩父 ザ・ピーテッド

秩父 オン・ザ・ウェイ

秩父 ちびダル

イチローズモルト
ダブルディスティラリーズ ピュアモルト

白州 18 年

響 17 年

秩父 ポートパイプ

サントリー 角瓶 イエロー

サントリー 角瓶 ブルー

イチローズモルト & グリーン

イチローズモルト & グリーン プレミアム

イチローズモルト ワインウッドリザーブ

宮城峡 NAS 2015

宮城峡 12 年

イチローズモルト
ミズナラウッドリザーブ

ニッカ カフェグレーン

ニッカ カフェモルト

ニッカ ピュアモルト レッド

ニッカ ピュアモルト ホワイト

ニッカ ピュアモルト ブラック

ニッカ オールモルト

サントリー 1981 木桶仕込

サントリー 知多 シングルグレーン 12 年

響 ジャパニーズハーモニー

山崎 18 年

山崎 パンチョン 2013

余市 15 年

アンクル・ミンズ・バー

カクテルとウイスキー、点心が楽しめるバーは、アヘン窟の雰囲気。上海の悪名高い伝説的な人物にちなんだネーミング

---

55 York Street, Sydney, NSW 2000, Australia
+61 2 9299 8961 | www.unclemings.com.au

SYDNEY, AUSTRALIA

TOKYO BIRD トーキョー・バード

バーで飲める
日本のウイスキー

サントリーとニッカを50種置いているほか、
下記のようなウイスキーをそろえる。

秩父 ちびダル

秩父 ザ・フロアーモルテッド 3 年

秩父 オン・ザ・ウェイ

秩父 ザ・ピーテッド

秩父 ポートパイプ

白州 18 年

イチローズモルト
ダブルディスティラリーズ ピュアモルト

イチローズモルト ＆ グレーン

イチローズモルト ＆ グレーン プレミアム

イチローズモルト
ミズナラウッドリザーブ

イチローズモルト ワインウッドリザーブ

マルス アンバー

マルス ツインアルプス

マルス 軽井沢倶楽部

マルス モルテージ 越百

マルス 駒ヶ岳
シェリー ＆ アメリカンホワイトオーク 2011

笹の川 チェリーウイスキー EX

軽井沢／山梨
三楽オーシャンブライトデラックス

若鶴 サンシャイン 20 年

ホワイトオーク あかし NAS

ホワイトオーク あかし 5 年

ホワイトオーク あかし 5 年
オロロソ シェリーカスク

山崎 12 年

トーキョー・バード
東京の焼鳥屋とクラシックなカクテルバー
を掛け合わせたような店は、親密でスタイ
リッシュなオーストラリアらしいラウンジだ

トーキョー・バードはとても小さなウイスキーバー兼焼鳥屋。シドニーでは小さなバーとして知られ、6人で満員になる。スタッフは客全員とコミュニケーションが取れて親密な雰囲気。日本風の串焼の焼鳥が楽しめる。バーの棚に置かれているボトルの4分の3以上が日本のウイスキー。2014年12月末のオープン時には、オーナーは自分のコレクションを店に置くところからスタートしたが、品ぞろえはそれからさらに充実してきた。バーによれば、日本のウイスキーはもちろん、スタッフのサービスや知識についても評価を確立している。

この店が選ばれる理由
ゼネラルマネージャーのジェイソン・アンとバーマネージャーのヨシ・オーニシは、ともにシドニーのバーシーンでの経験が豊富で、日本のウイスキーの愛好家でもある。料理とお酒に関する目利きであるふたりが協力しあって、日本風ウイスキー・クリスマス・ディナーなどのイベントも主催している。ふだんから、テイスティングノートや製造過程についてや、オーストラリアに輸入するための最良の方法のアドバイスなど、日本のウイスキーについては誰とでも何時間でも進んでおしゃべりにつきあってくれる。

店のおすすめ
「サントリー『山崎 12年』は日本のシングルモルトの原点で、トロピカルフルーツとまろやかかつスパイシーな特徴により、日本人の舌に合ったウイスキーになっています」とジェイソンは説明する。「繊細でエレガントで洗練された味。日本のウイスキーの真髄がここにあります。『白州 18年 シングルモルト』はうちのバーマネージャーが個人的に一番好きなウイスキーで、繊細で驚くほど複雑な味わい。やさしいピートと草のような風味が、長く、爽やかで、デリケートなトーンを作り出します。どこまでも個性的で、しかもとっつきやすい味です。そして、『イチローズモルト 秩父 オン・ザ・ウェイ 2013』はすばらしいボトリングです。肥土伊知郎は素材を生かして、比類のないアプローチによる玄人好みのウイスキーを造ります。『オン・ザ・ウェイ』は秩父のモルトのいくつかのビンテージをヴァッティングして造られています」

➥ Belmore Lane, Surrey Hills, Sydney, NSW 2010, Australia
+61 2 8880 0788 | www.tokyobird.com.au

WHISKY & ALEMENT

ウイスキー & エーレメント

MELBOURNE, AUSTRALIA

　大きなバーの一角に設けられたスタイリッシュなウイスキーバー。コンクリートと木を生かした洗練されたインテリアとレザー張りの椅子を配したモダンな空間に、無数のウイスキーのボトルが映える。息苦しさも虚飾もなく、真のウイスキーファンのための隠れ家的バーだ。中庭で煙草を吸いながらウイスキーやビールのグラスを傾ける客も、カウンターでスタッフとウイスキーの話を延々と続ける客もいる。オーナーたちは日本のウイスキー専門のバーを造ることを計画していたが、在庫不足で断念し、今ではそれ以外も含む200種ほどの希少なウイスキーを置いている。日本のウイスキーの希少品も、手の届く価格で提供するよう努めている。

この店が選ばれる理由

オーナーたちはビッグヒッターで、まるでウイスキー業界の紳士録のようなヨーロッパの大物たちが顧客リストに名を連ねる。しかし日本も特別な存在だとオーナーのジュリアン・ホワイトは説明する。「妻が日本人で日本のウイスキーを専門とするスタッフがいて、日本の最新の状況を反映するようにしています。新しい世代のウイスキーファンの誕生を応援したいので、手が届く値段の気取らないバーを目指しています」

店のおすすめ

ジュリアン・ホワイトによると「『ホワイトオークあかし15年』。日本担当のスタッフが最初に日本に行った時、ホワイトオーク蒸溜所を経営する江井ヶ嶋酒造の社長が特別に見学ツアーをしてくれて、そこで買い付けたボトルです。私たちの舌には渋みがやや強く感じられますが、それでも私たちの心にいつもあるウイスキーですし、コナラという日本固有のオークの樽を使った初めての例です。『ニッカ竹鶴17年』は、風味の幅広さが驚異的です。究極のブレンドで、繊細でかすかな甘みに加えてオークでの熟成によるすばらしい複雑さがあり、ピートが最高に生かされています。ウイスキーが全く初めてのお客様でも喜んでいただけるでしょう。そして最後に、『スコッチモルトウイスキーソサエティ132.6 ナイト・ナース・ニップト・バイ・ピラニヤズ』（軽井沢12年）63％を挙げたいと思います。ずっしりとくる重さです。リッチなジャムのようなフルーツが、爽やかであると同時に完璧に溶け込んでいるオークの鋭い一撃を受けます。夢のようなウイスキーです……ただし値札を見なければですけれど！」。

270 Russell Street, Melbourne, Victoria 3000, Australia,
+61 3 9654 1284 | www.whiskyandale.com.au

バーで飲める
日本のウイスキー

バーには、さまざまな年代に発売された200種ほどのウイスキーのコレクションがある。

山崎 シェリーカスク

山崎 18 年

ホワイトオーク あかし 14 年

ホワイトオーク あかし 15 年

山崎
スコッチモルトウイスキーソサエティ 11 年
ラズベリー・インペリアル・スタウト

軽井沢
スコッチモルトウイスキーソサエティ 132.6
ナイト・ナース・ニップト・バイ・ピラニヤ
ズ 12 年

余市 12 年

余市 20 年

ニッカ 竹鶴 ピュアモルト 17 年

ニッカ 竹鶴 ピュアモルト 25 年

ニッカ 竹鶴 ピュアモルト シェリー

ニッカ カフェグレーン カスク #198156

マルス 駒ヶ岳 1985 シェリーカスク #162

ウイスキー＆エーレメント
このバーは希少なボトルを多数そろえていて、日本の最新情報を反映している

232-233ページ
ウイスキー＆エーレメントは居心地が良く、雰囲気があり、気取らない空間

CHAPTER

8

八

EIGHT

第 8 章

ウイスキーカクテルと
料理とのペアリング

Whisky Cocktails and Food Pairings

時代はなんと大きく変わったことだろう。2005年のロンドンで流行の「スタイルバー」に入ってシングルモルトウイスキーで作ったカクテルをオーダーしたら、スタッフはまるで変な人を見るかのような顔をしたことだろう。ウイスキーの純粋主義者なら高貴なお酒に対する冒とくだと考え、ウイスキーのメーカーも「フルーツジュースを加えるなんてとんでもない、シングルモルトに加えて良いものはせいぜい氷だけ」という決まりをデフォルトとして設定していた。バーマネージャーはそんなばかげた行為で高価なスピリッツを無駄にすることなどできないと考えたし、バーテンダーは経験もなければやってみたいという気持ちも起こらず、シングルモルトウイスキーのカクテルなど、どう作っていいか見当がつかなかった。

「ウイスキーマガジン」がウイスキーカクテルのコンクールを主催し、少数の勇気ある人たちが大胆にもカクテルの魔法をふるったが、それらの人たちはウイスキーの風味を消そうとするか、ウォッカと同じようなカクテルを作ってウイスキーの味を完全に感じられなくしてしまうかだった。今ではウイスキーメーカーは、カクテルが得意なバーテンダーを雇ってセクシーなロングドリンクを考案し、本格的なスタイルバーはウイスキーカクテルを幅広くそろえるようになり、とりわけトレンディーな店ではガラスのドームの中に煙をこもらせて隠したラフロイグのカクテルなど、ユニークなウイスキーカクテルを出すようになった。これは飲み物を作るというよりも、アートと演劇の交差点のような世界だ。そして、アートと演劇の要素を組み合わせ、しかもそこに色彩と華やかさを取り入れることにかけて、日本ほど優れている国はあまりない。日本人は、ウイスキーとシロップやフルーツジュース、ビター、植物などを混ぜることに、歴史的なタブーも文化的な葛藤も感じることがない。日本人のウイスキーカクテルは、自由自在な楽しみなのだ。

さらに、日本のバーとレストランは、ウイスキーと食材のマッチングに関しても、非常に革新的で進歩的だ。すべての食材がウイスキーに合うわけではなく、どの料理もそれぞれ違ったウイスキーとマッチングされるべきだと主張する人は誰もいない。しかし、シーフードはモルトに驚くほどよく合うし、辛いわさびもなかなかいける。

235

ウイスキーカクテル

Whisky Cocktails

ウイスキーカクテルは、ファッショナブルな飲み物になり、華やかな色彩や派手な演出が得意な日本がこの分野に強くなったのは当然かもしれない。ウイスキーカクテルにかけては世界一流のカクテルバーといえば日本にあり（156〜181ページ参照）、ユニークでエキサイティングな風味に満ちた日本のウイスキーは、世界中の数多くのバーで選ばれている。

日本のウイスキーで作られるカクテルは、2つのグループに分類される。伝統的なレシピに東洋風のアレンジを加えたカクテルか、あるいはモダンで革新的なカクテルだ。日本はまた、ウイスキーを飲むためのもっとも基本的な素材である氷も、新たな次元に進化させた。氷を削ってミニチュアの彫刻を造ったり、完全な球形の氷をハイボールなどのグラスに入れたりと、ほとんどアートの領域に達している。

もしも今まで一度もハイボールを飲んだことがなければ、暑い日に、あるいはワインを1杯飲むかわりに試していただきたい。とても爽やかでおいしいウイスキーの飲み方だ。ハイボールと、日本で人気のウイスキーカクテルのレシピはこちら。

白州処暑 *Hakushu Shosho*

処暑は日本の二十四節気のひとつ。「暑さの限界」を意味し、その期間は8月23日に始まる。庭のバラが、最初の秋風に香る頃だ。

材料

白州12年 シングルモルト … 50ml
クラブソーダ … 150ml
ローズウォーター … 14ml
フレッシュなミント

作り方

1. すべての材料を混ぜあわせる。
2. ステアする。

ハイボール
1950年代にウイスキーの飲み方に関するカルチャーをすっかり変えてしまったカクテル。今再び、日本中の若者たちの間で人気だ

アプレ・スキー・イン・フジ　*Après Ski in Fuji*

ユニオンスクエア・カフェ（ニューヨーク）が発祥のアプレ・スキーは有名なカクテル。これは日本風のアレンジ。

材料

白州 12年 シングルモルト … 50ml
アンティーカ・スイートヴァーモット … 25ml
サンジェルマン（エルダーフラワーの甘口リキュール） … 数ダッシュ（ボトル数振り分）
レモン … 1個
マラスキーノ・チェリー … 適量

作り方

1. ウイスキーをミキシンググラスかヴェッセルに入れて、スイートヴァーモットを加える。
2. エルダーフラワーリキュール（サンジェルマン）を加える。
3. アクセントとしてレモンピールを加える。
4. ミキシンググラスに氷をいっぱいに入れる。
5. ミキシンググラスの中身をよくステアする。
6. ミキシンググラスの氷を取り除き、サーヴィンググラスに液体のみ注ぎ入れる。

ハイボール　*The Highball*

ハイボールは、蒸気機関車の時代の鉄道用語に由来するといわれる。グラスの容器が、蒸気を作り出すための水の残量レベルを示していたというのだ。水面にはボールがひとつ浮かべてあり、水面が高ければ水がたくさん残っていて、汽車はたっぷり蒸気を出して走ることができることを意味した。これがやがてスコッチとソーダのカクテルを指して使われるようになり、通常ハイグラスで、氷を表面に浮かべて出された。日本のウイスキーで作るハイボールが盛んになったのはサントリーの尽力と、氷彫刻の流行のおかげでもある。爽やかなロングドリンクであり、日本の都市部に住む若者たちの間で人気だ。

材料

日本のウイスキー … 42ml
スパークリングウォーター … 84ml

作り方

1. ハイボールグラスに大きめのキューブアイスを重ねて入れる。
2. ウイスキーをグラスに注ぎ入れてゆっくりステアする。
3. グラスに氷をさらに加え、スパークリングウォーターで満たす。
4. 3回半ステアすればできあがり。

AWA 響 *AWA Hibiki*

オルタナティブ・ウイスキー・アカデミー（AWA）はサントリーが所有する大阪の企業。「響12年」は同社のブレンデッドウイスキーで入手困難になっている。このカクテルは、甘く香り高い材料を使い、「響12年」のフルーティーな風味を引き立てる。

材料
響 12年 … 70ml
ストロベリーエスプーマ … 54ml
プロセッコ … 21 ml
シュガーケーンシロップ … 14ml
ジェリー・トーマス ビターズ … 2ダッシュ

作り方
材料をすべて入れてステアするだけ。

左　AWA響は、ストロベリーの甘さが「響12年」や「響ジャパニーズハーモニー」を引き立てる
下　伝統的な定番カクテルのモダンなアレンジ、山崎サワー

山崎サワー　*Yamazaki Sour*

ウイスキーかバーボンで作られる伝統的なサワーの日本風アレンジ。サワーは150年ほどの歴史を誇るクラシックなカクテルで、通常は卵白を使うが、これが好きでないという人や卵白を食べられない人のためには、パイナップルジュースが代わりに使われる。「山崎ディスティラーズリザーブ」を使うと、とてもおいしいウイスキーサワーができる。

材料
山崎 ディスティラーズリザーブ … 50ml
レモンジュース … 30ml
シュガーケーンシロップ … 30ml
卵白 … 1個分
レモンビターズ … 2ダッシュ

作り方
1. 山崎とレモンジュースを入れる。
2. シュガーケーンシロップと卵白を加え、ステアする。
3. レモンビターズを加える。

日本のウイスキーと料理のペアリング

Japanese Whisky Food Pairings

ウイスキーを料理と合わせる試みは長年にわたって行われ、すばらしいペアリングが発見されている。しかし、多くの人たちの結論は、フルコース全体をウイスキーとマッチングさせるのはやりすぎだということだ。6品のコースを強いウイスキー6杯で味わうというのは、ワインで常に繰り返されてきたのと同じ失敗の二の舞になるだろう。

しかし、1〜2品の料理とともにワインの代わりにウイスキーを楽しむというのは十分に現実的だ。最近では、個性的な料理やエキゾチックな土地に親しんでいて冒険心のある消費者たちが、新しい味の体験を求めている。こうした傾向は、アジア料理全般、そしてなかでも日本料理に対する興味が高まっていることも追い風になっている。

日本料理は一見、強いスピリッツとのペアリングは難しいように思われるかもしれない。日本料理は繊細で微妙な風味であることが多く、ウイスキーの強い風味に負けてしまいそうだが、実際には日本人は食事と一緒にスピリッツを飲むことが少なくない。すしなどはスピリッツと合わないかもしれないが、シーフードはウイスキーと相性が良く、ワサビやショウガ、漬物の漬け汁、酢、麦芽などは日本のウイスキーのパワーに太刀打ちできる。

日本のウイスキーと食べ物の関係は、2つの味の出会いを超えてはるかに複雑だ。双方の繊細で複雑な味わいは、合わせたときに予測のつかないありとあらゆる結果を生み出す。日本料理の2品を同じウイスキーと合わせた場合、全く異なる予測できない味が生まれるのだ。

上端　塩気を含むはっきりした味の海藻と引き立てあい、海藻をベースにした料理と好相性のウイスキーもある

上　モルト風味の強いウイスキーは、みそ汁やしょうゆ味の持つうまみと相性がいい

ペアリングノート
Pairing Notes

———

シーフードの料理や海藻：天然の塩気のあるウイスキーとよく合う。たとえば「白州12年」「余市NAS」「ニッカ フロム・ザ・バレル」など。

みそ・しょうゆ：コクのある風味豊かなモルトウイスキーととりわけ相性がいい。軽井沢のさまざまなボトルや、熟成の進んだ山崎など。

うまみの効いた食材：強い味のウイスキーと合う。味覚と日本人の舌についての話となると、よく持ち出されるのがうまみという用語だ。これは日本語の「うまい」と「味」を組み合わせた言葉。甘味、酸味、苦味、塩味に続く第5の味覚と考えられている。通常、グルタミン酸の味と関連付けられる。日本人科学者の池田菊苗が初めて用いた用語で、「おいしい味」を意味する。肉のように濃厚で、もっと食べたくなる、食感にも間違われるような口内の感覚とも解釈できる。これが、「響17年」や「山崎18年」など、粘り気のあるオイリーなウイスキーと引き立てあう。

下 シカゴのユーショー（186〜187ページ）のメニューに登場する魚の皮のフライ。かりっとした口当たりが、なめらかなウイスキーと好相性

右下 シカゴのユーショーで出される人気メニューのひとつ、ラーメン

左 おいしいだけでなく目にも鮮やかな魚のかぶと煮
右 チャーシューと煮卵、ラー油、揚げたニンニク、ひじき、ネギを載せたチャーシューみそラーメン
下 スモークサーモンのオープンサンドは、軽く繊細なタイプのウイスキーにぴったり
次ページ コクのあるウイスキーが合いそうなスパイシーな鶏肉団子ラーメン

日本のウイスキーは、東洋の料理と合わせるのが自然な考え方かもしれないが、フュージョン料理ともよく合う。世界中の大都市には東洋のさまざまな地域の料理を出すレストランが多数オープンしていて、酢豚やチキンカレー、唐辛子味のビーフなどのメニューや、あるいはフランス料理、アメリカ料理、ヨーロッパの料理スタイルとのフュージョンが楽しめる。

日本のウイスキーには、もとはスコットランドのシングルモルトウイスキーのために考案されたクラシックなペアリングがすばらしい結果を生む。下記はその一例。

ウイスキーのクラシックなペアリング　*Classic Whisky Pairings*

▶ **軽く、比較的繊細なウイスキー**
「山崎10年」「白州10年」「響12年」など
スモークサーモン、やわらかくクリーミーなチーズ

▶ **ミディアムボディのウイスキー**
ピートの影響がいくらか感じられるタイプ。「ニッカ ピュアモルト17年」「ニッカ ピュアモルト レッド」「山崎1979ミズナラオークカスク」など
軽くスモークしたサバやシーフード、鴨のパテ、スモークベーコン、ジビエの肉

▶ **フルボディのコクのあるウイスキー**
シェリー樽かヨーロッパのオーク樽で熟成させたタイプ。「山崎1984」「山崎18年」「宮城峡15年」など
ステーキ、ローストした鹿肉、リッチなフルーツケーキ、クリスマスプディング、ダークチョコレートのジンジャーとチェリー添え、強い風味のチェダーチーズ

▶ **力強いピート風味のウイスキー**
「余市」の各種、「ニッカ ピュアモルト ブラック」「秩父ザ・ピーテッド」など
アンチョビのスプレッドやディップ、強い風味のチェダーチーズ、ロックフォールをはじめとする強い風味のブルーチーズ

CHAPTER

9 / 九

NINE

第 9 章

日本の
ウイスキーの未来

The Future of Japanese Whisky

日本のウイスキーは、最高の品質であること、ウイスキーライターたちの注目を一気に浴びたこと、そしてブランドのオーナーたちのたゆみない努力がおおいに貢献して、グローバルな舞台での地位を確立し、強い実力を持つ。

しかし、他の多くのウイスキー生産国と同様、現在のところ未来が明るい見通しであるからといって、今どれくらいの額の資金を投資すべきかを決めるのは、難しい判断になる。未来の需要を満たすために世界中でどれだけの量の蒸溜酒が熟成中なのかは誰にもわからないが、いったん上昇したものはある地点で下降に転ずるというのが、大方の専門家たちの予想で、熟成が完了したウイスキーを数多くのメーカーが発売することで供給過剰になり、ウイスキーの市場が破綻することもありうる。サントリーなどのメーカーが、市場の不安定さに対応を試みてきた経緯を知れば、その問題の大きさがわかるだろう。2016年、サントリーは

最新バージョンの「山崎シェリーカスク」を発売したが、2,000本しか生産されず、1本の価格がおよそ300ドル（約3万3,000円）だった。少数の高級な小売業者にのみ卸され、棚に置かれた瞬間に売り切れた。

慢性的な供給不足に対応するため、サントリーは2015年、3,700万ドル（約45億円）を投資。これは126万樽分の倉庫を確保するための拡大計画の一環だ。同時に、酒類小売業者は、サントリーとニッカの供給不足に悩み、知名度の低い蒸溜所のウイスキーによって不足分を補う動きを見せている。

ほとんどの市場では、需要と供給の法則によって、新しい生産者が市場に参入できるような健康的な環境ができていくものだが、日本では参入を難しくする障壁があって、その法則がほとんど当てはまらない。では、日本のウイスキーは今後どのような展開を見せるのだろうか。

今こそ脚光を浴びる
伝統的なウイスキー

Traditional Whisky for Modern Times

　近代日本の文化や社会は、経済の大きな変化により、古い習慣や伝統が消えつつあるように見える。一方で、日本のウイスキーの未来は、それとは対照的なものになる可能性もある。古い土着の生活様式が、テクノロジーやますますスピードを増す高速鉄道によって完全に失われてしまうかどうかは、時が経たないとわからない。

　ウイスキーにおいては、出自と伝統が最も重要視される。ウイスキーが特別なのは、歴史と遺産、文化と個性、環境に根差しているからだ。25年物のシングルモルトが、ロンドンやパリ、あるいはニューヨークのスタイルバーに置かれ、ありえない値段がつけられたとしても、やはりストーリーはその中に脈づいている。そして、それに感動した人は、そのストーリーにもう一度耳を傾けたいと思い、そのウイスキーのルーツに興味を持ち、そのモルトをウイスキーの物語の中に「執筆した」人物について、また創作が行われた場所について、もっと知りたいと思うのだ。

　別の言い方をすれば、ウイスキーはテクノロジーの進歩とは対照的な作用をする。日本に限らず世界中で、急速な経済成長によってコミュニティーは生気を失いつつあるようだ。一方で、それぞれの地域が持つかけがえのない個性は、なんらかの形で生き残るだろうという希望的観測も成り立つ。次に紹介するのは、ドミニク・アルバドリが「Japan.Inc」(www.japaninc.com)に投稿した記事。

　「トリスウイスキーバーは1950年代の現象で、今ではほとんど消えてしまった。唯一の例外が大阪のちょっと怪しげな十三(じゅうそう)地区のトリスバーで、流行に流されず、なおかつ活気がある店だ。

　時代は変わり、1956年の開業当時と変わらない内装の十三トリスバーは、タイムマシンのような場所として、またサントリーウイスキーの多大なコレクションに触れられる場所として、変わらない人気を誇る」

　アルバドリによると、輸入ウイスキー全般、なかでもとりわけスコッチの価格低下が見られるうえ、スコットランドでも入

上端・上　今に息づく昔。伝統的な日本と現代日本が、常に肩を並べている

上　近年、日本では国産の高級ウイスキーに対する興味が急速に高まり、女性や若者たちにも人気を得るようになった

手できない特別なスコッチのシングルモルトが日本の専門店では現地ではありえない値段で売られているが、そのような状況にあっても、日本のウイスキーは独自の地位を確立している。

「安いウイスキーは、日本でもかなり量産されていて、たとえ日本製であっても安いウイスキーにすぎない。しかし、日本のモルトウイスキーは軽蔑の対象ではなくなった。関西地区では近年悲しいニュースが続いたが、自分たちが世界レベルのモルトウイスキーを造れると証明されたことは、そうした痛みをいくらか緩和してくれた」とアルバドリ。

シングルモルトウイスキーを造る基本的なプロセスは、場所が変わってもほぼ同じだ。しかし、世界のほかの地域と同様、日本の蒸溜所がウイスキー造りのプロセスを実行するうえで独自のやり方を採用し、発酵と蒸溜のランの時間、ユニークなスチルの使用にさまざまな特徴を出していることは、これまで見てきた通りだ。

成長のペースを維持する

　日本のウイスキーの人気は維持され、今後も非常に大きな興味の対象であり続け、ポジティブな未来を予想できるのはほぼ確実とみられる。

　日本のウイスキーは、本書で見てきたようなさまざまな理由から持続不可能な状況に陥っていたが、多くの意味で、数年にわたる混乱の時期を経てひと呼吸ついているところだといえる。混乱の主な原因は、日本のウイスキーメーカーが、とりわけ長年熟成させたウイスキーが在庫切れになるなど、成長と需要のペースに追いつけないでいることだ。サントリーとニッカの新発売の銘柄が日本のウイスキーへの注目を維持し、肥土伊知郎の秩父蒸溜所のウイスキーが日本の技術の真価を見せつけるような楽しさや新しさを示しており、日本のウイスキーは文字通り棚卸しを行い、未来への展望を持つ時に来ている。

　未来がどのようなものになるかは、今後のお楽しみだ。「Nonjatta」のステファン・ヴァン・エイケンが言うように、「軽井沢蒸溜所にヴァンで乗り付けて、ビンテージのウイスキーを何ケースでも好きなだけわずかな値段で買うことができた時代に、未来が見える水晶玉を持っている人がどこにいたでしょうか」。

　今はっきりしているのは、サントリーとニッカが生産量を増やし、名声をもたらした高い品質を保つための技術革新を行うために、懸命な努力をしているということだ。今までのところ、日本のウイスキーの高い水準に妥協は全くみられない。では、長年熟成させた日本のウイスキーが再び売り場に並ぶことはあるのだろうか。これは誰にもわからないが、NAS（年数表示なし）のウイスキーを発売して高い評価を得たことに勇気を与えられた2大メーカーが、このエリアに集中して取り組み、ウイスキー造りの技術をすべてここに結晶させて、エキサイティングでおいしい、しかし比較的若いウイスキーを発売し続けるのではないかと考えられる。

　あるいは、スコットランドの状況を追いかけて、数年後、10年物のウイスキーを発売するようになるかもしれない。これはプレミアムウイスキー（NASウイスキーと比べて）として売り出され、値段も高く設定されると予想される。15年物が少量市場に出回るということも十分ありうるが、世界中の富裕なマーケットのハイエンドな顧客をターゲットに絞ることになるのはほぼ確実だ。

　さらに、ステファン・ヴァン・エイケンも、投資顧問レア101のアンディー・シンプソンも着目しているのが、ボトルを多数

左　希少なウイスキーのボトルがどこかで開けられるたびに、その希少性はさらに増すことになる

上　幅広い日本のウイスキーのコレクションが、再び市場に出回るようになるかもしれない

コレクションしている人たちがかなりの数いるという事実だ。ある時点で、こうしたコレクションの一部が市場に戻り、いくつかのボトルが入手可能になるというだけではなく、値段を引き下げる可能性もある。ある時点で、ウイスキー投資の熱狂はいくらか鎮まるだろう。

　新しい蒸溜所についていえば、長くゆっくりとしたプロセスになるのは確実だ。日本で新しいウイスキー蒸溜所を設立するには、非常に大きな障壁が立ちはだかる。莫大な額の建設と設備の費用がかかるうえ、許可を取得するまでの日本特有の困難があり、売れるウイスキーができるまでの待機期間を経済的に乗り切る必要がある。実現に向けて動きだしたプロジェクトはほとんどなく、近い将来にこうした傾向が変わる気配もない。

　未来がどんなものになるとしても、日本のウイスキーは世界のウイスキーエリートたちの間で独自の地位を確立した。生産者は世界中のどのディスティラーにも負けない技術をはっきりと示し、次々とエキサイティングなウイスキーを世に送り出してきたのだ。すでにそれなりの旅路を経てきた日本のウイスキーだが、まだ旅は始まったばかりで、これからさらなる楽しみがたくさんやってくるかもしれない。2000年代に入って以降、私たちが見てきたのは、見事な始まりの終わりなのだ。

熟成させていない
ウイスキーのトレンド

The Trend of Unaged Whisky

　日本はスコットランドの例に従い、ラベルに年数表示をしない（NAS）ウイスキーを売り出す道を歩むようになった。しかし、過去よりも品質が劣る若いウイスキーが出荷されるようになったかといえば、必ずしもそうではない。

　日本を代表するウイスキーメーカーのニッカが、ボトルに年数表示のあるウイスキーを販売停止し、代わりに年数表示のない2つの銘柄だけを売り出すと発表すると、ウイスキーの世界では誰もが嘆いた。この反応は主に2つの要因に基づいている。第一に、年数表示のない（NAS）ウイスキーは水準の低下を意味し、メーカーや小売業者が品質の劣る若いウイスキーを高い値段で売るための口実にほかならないという通念がある。第二に、スコットランドのウイスキーを席巻したトレンドに、ニッカがあからさまに追随したように見えたのだ。

　NASウイスキーに関しては、根拠のないさまざまなうそが書かれてきた。近年質の劣るボトリングの例は確かにみられたが、年数表示のない卓越したウイスキーもたくさん出回っている。アードベッグやグレンモーレンジといったスコットランドの蒸溜所の卓越したウイスキーについて、年数表示がないからといって、世界最高レベルではないと主張する人はほとんどいないだろう。日本では、ニッカは高品質のNASウイスキーを販売してきた実績があり、ウイスキーを飲む人にとっては不幸なことに価格の高騰が見られたものの、ニッカはその傾向にブレーキをかけてすばらしいウイスキーを世に送り出してきた。「ニッカ フロム・ザ・バレル」「ピュアモルト レッド」「ピュアモルト ブラック」「カフェグレーン」などが頭に浮かぶ。サントリーとニッカの双方が風味豊かなウイスキーの特別限定ボトルを発売

肥土伊知郎の「秩父ザ・ファースト」「秩父ポートパイプ」「秩父ザ・フロアーモルテッド」は、いずれも風味豊かなNASウイスキーだ

253

「山崎ディスティラーズリザーブ」は、年数表示をしないことが品質低下を必ずしも意味しないということをはっきりと示す

しているし、肥土伊知郎は、十分な出来の革新的な3年物や4年物のモルトウイスキーを使って質の高いウイスキーが造れることを、「秩父ザ・ファースト」「秩父ポートパイプ」「秩父ザ・フロアーモルテッド」などで示した。

スコットランド発の好ましくないトレンドをニッカが模倣しているという第二の疑いについても、全く根拠がない。歴史的な記録はそれを否定しているし、またそもそも背景が全く違っているからだ。少なくとも一部のスコットランドの生産者には、まだ熟成していないモルトウイスキーを瓶詰めして法外な値で売る例が明らかにみられた。

ニッカの場合、事情は異なる。在庫のマネージメントを行ってNASウイスキーの製造に使わない限り、ウイスキーが在庫切れになり、会社としてビジネスモデルを維持できなくなり、廃業に追い込まれかねないと、明確に宣言したのだ。ニッカとサントリーはもちろん、生産量を増やすことで不足に対応しようとしたが、近い将来どれくらいのウイスキーが販売されるか、また18～25年間熟成させるためにどれくらいのウイスキーが確保されているのかは、極秘にされている。

主要なメーカーは上質のウイスキーで評価を確立し、短期的な利益のために何も犠牲にしようとはしないから、そうしたメーカーのNASウイスキーについて私たちが心配する必要は全くない。ディアジオ、ペルノ・リカール、そして最近ではサントリービームが、第一級のウイスキーを造り続けることに疑いの余地はない。日本のように、革新を行う能力さえあれば、必要に後押しされて、エキサイティングですばらしいウイスキーの数々が生まれてくることだってありうる。とりわけサントリーは、世界のメーカーを傘下に収めていて、2015年にはスコットランドでミズナラ樽を使って熟成させたボウモアのウイスキーを発売しており、これと反対の試みも行われるといううわさがある。

右 山崎の樽。「ピュア」は日本でよく使われる用語だが、誤解を招くとしてヨーロッパでは禁止され、スコッチ・ウイスキー・アソシエーションも認めていない。基本的にはシングルモルトを指す。またヨーロッパでは「ポットスチル」はアイルランド産ウイスキーの特定のスタイルを指す

ウイスキーへの投資

Whisky Investment

長年の間、古く希少なスコッチウイスキーは投資の対象となってきた。今では、日本のビンテージのボトルがオークションで最高レベルの値段を付けられるようになっている。

振り返ってみると、日本のウイスキーへの熱狂がいつ始まったかを私ははっきりと覚えている。少なくともある程度は。それは2007年秋、ありふれた平日のある日のことだった。イングランド、ノリッジのザ・ウイスキー・ショップにひとりの男性客が訪れ、「山崎18年」のボトルの在庫が何本あるかをたずねた。

「4本です」という答えが返ってきた。「1本75ポンド（約1万8,000円）です」

「4本すべていただこう」と彼は答えた。

店員たちは興奮した。静かな水曜日の売り上げとしてはかなりの額になり、正直なところ、日本のウイスキーは同じ年数のスコッチのシングルモルトに比べて割高に感じられ、ずいぶん前から店の棚に並んだままだったのだ。同じ日の数時間後、メーカー本社から値上げのメールを受け取る。「山崎」の値段はただちに2倍の150ポンド（約3万5,000円）になるというのだ。この店では、以来「山崎18年」を入荷できたことはほとんどない。

この日以来、日本のウイスキーは全般に、ウイスキーの世界の謎めいたスーパースターになった。伝説的ロックミュージシャン、プリンスのウイスキー版といったところだ。すべてが傑作というわけではないが、中には突出した名作があり、なかなか出会えないので、神秘に包まれた異界の存在というイメージができていった。日本のウイスキーについての私たちの見方は急速に変わっていく。一握りの珍しい宝石のような名作に時折出会える興味深いリカーというカテゴリーから、ほとんど全部が希少なウイスキーというつかみどころのないカテゴリーへと、激変してしまったのだ。プライベートコレクションとして個人宅のキャビネットに眠る日本のウイスキーは、世界中のバーやショップの店頭に並べられているよりもはるかに多いと考えられている。

上 「山崎18年」は、ウイスキーショップの店頭からほとんど姿を消してしまった日本のウイスキーの傑作。オークションでは高値が付く
右上 ショップの棚に日本のウイスキーが多種類並ぶ姿に遭遇することは珍しくなった
右下 日本のウイスキーの需要急増を受けて、日本に輸入される麦芽の量は、2006〜16年の間に4倍に膨れ上がった

256　第9章 日本のウイスキーの未来 | *The Future of Japanese Whisky*

しかし、日本のウイスキーが短期間で、アイルランド産ウイスキーもケンタッキーのバーボンも成し遂げたことのない境地に到達したこと、また投資対象としてのウイスキーとしてはスコッチに匹敵するということは、いずれも紛れもない事実だ。投資については、ウイスキーの世界では意見が真っ二つに分かれる。ウイスキー愛好家の一部は投資を糾弾し、ウイスキーは飲まれるべきお酒であって、食器棚に鍵をかけてしまっておくべきものではないと主張する。コレクターや投資家は、人為的に値段を吊り上げ、他の人にとって手の届かない存在にしてしまったと、純粋主義者たちは言うのだ。

これはいわばロマンチックな見方であり、論理的でないと言える。山崎のウイスキーは例の男性に4本300ポンド（約7万円）で売られ、市場から姿を消した。ここにはなんの問題もない。彼が飲んだとしたら、もうこの世には存在しない。一方で、もしも食器棚に入れて大事にとってあったら、そして妥当な市場価格で未来の世代のために売りに出す計画なら、彼はそのウイスキーの寿命を延ばしていることになる。

事実は次の通りだ。多くのウイスキー、とりわけ日本のウイスキーは供給不足で、増加する需要という問題に直面していて、このことが、値段を吊り上げた。遅かれ早かれ増加傾向はピークに達し、市場は安定し、新しいストックが市場に流れ込むようになり、値段は下がり始めるだろう。ウイスキーが本当にコレクションするに値するためには、下記の条件すべてを完璧に満たす必要がある。

・希少性
・収集価値
・飲んで美味であること

これら3つのファクターは、サントリーとニッカが発売した長年熟成されたウイスキーすべて、軽井沢と羽生の全ボトル、イチローズモルトの全シリーズに当てはまる。また、初期の秩父のボトルも、投機性が増している。軽井沢は、今ではポートエレンやブローラなどスコットランドのとりわけ希少なウイスキー蒸溜所に匹敵するレベルに達している。

銀行に駆け込んで全財産をウイスキーに投資する前に、一歩下がってよく考えた方がいい。ウイスキーほど、需要と供給のバランスに敏感に反応する投資対象はない。ウイスキー投資のブローカー会社、レア101の創業者であるアンディー・シンプソンは次のように警告する。

上 サントリー「響21年」。希少性、収集価値、おいしさの3つの条件を完全に満たしているウイスキー
右上 「山崎オーナーズカスク」。非常に希少性が高く、非常に高価なウイスキーの一例
260-261ページ 倉庫のストック。数多くのウイスキーが供給不足になっていて、その結果高価になっている。しかし、新たな在庫が市場に流れ込めば、価格は安定するとみられる

「日本のウイスキーの需要は、ここのところほとんどパニック買いの様相を呈しています」と彼は言う。「とりわけ軽井沢はそうで、しばらくの間ありえないスピードで相場が上がり続けていました。2015年の半ばくらいに、価格は頂点に達したかもしれません。実際、一定の値段に達すると、持続不可能になるものです。日本のウイスキーもそうなったようです」

興味の対象となっていて、コレクションの一部として所有、あるいは投資のために買うのにふさわしい将来性がある日本のウイスキーとしては、他にも、イチローズモルトのシリーズ全部、それに羽生蒸溜所では、とくにイチローズモルトのカードシリーズがある。

シンプソンは、これらのボトルの需要が尽きることはないとして、顧客のためにエキサイティングな日本のウイスキーを買い求めたいと考えているバーが世界中に多数存在することを指摘する。

「でも、やはりここでも、値段は持続不可能なレベルに達しつつあります」と彼は言う。「ウイスキー1杯に何百ドルもの金額をチャージすることはできません。日本のウイスキーを買いたいと何千ドルものお金を持って私のところに来る人がいたら、それはあまりいい考えではないとお伝えするでしょう」

最も高価なウイスキー　*The Most Expensive Whiskys*

軽井沢1960　雄鶏
75万香港ドル（約1,170万円）

41本が発売された銘柄で、それぞれに象牙の根付が付けられていた。このボトルは2015年8月、香港のボナムズで75万香港ドルで落札。これらのボトルのうち何本が今もあるのかは不明。

軽井沢1964 48年
1万9,000ポンド（約350万円）

イギリスで売られた中では史上最高の値が付けられた日本のウイスキー。ポーランドのウェルス・ソリューションズ社のためにボトリングされた143本のうちの1本で、2015年9月に売られた。しかし、軽井沢のマーケットはその後鎮静化し、2016年1月には1万5,100ポンド（約280万円）でオークションに出されたが、売れなかった。投資家たちは今、値段の急激な変化に十分な注意が求められている。

軽井沢1995 18年　ゴーストシリーズ
1万7,500ポンド（約260万円）

1995年ビンテージの18年物のボトルのウイスキーがあるとして、その価値はどれくらいだろう？　マッカランなど評価を確立している蒸溜所のものだとして、おそらく1本150ポンド（約2万2,000円）くらいが妥当なところで、1万7,500ポンドというのはありえない。しかし、22本しか売り出されなかった軽井沢の限定版ボトルのうちの1本に、2016年2月、まさにその値段が付けられた。

山崎シェリーカスク2013　限定版
1,500ポンド（約28万円）

売り出された時の小売価格はおよそ200ドル（約2万円）で、日本のウイスキーのブームにより高めに設定されたとはいえ、とりわけ高価なウイスキーではなかった。ところが、やがて、『ジム・マレーのウイスキー・バイブル』でこれが世界最高のウイスキーだと決定される。数日のうちに、オークションで10倍の値段で売れるようになった。他の過熱したボトルと同様、値段は再び下降したが、それでもいまだにオークションで1,700ドル（約18万円）で売られることがある。

日本の観光案内

A Tourist's Guide to Japan

東洋と西洋の間にはさまざまな違いがあり、日本語は、西洋の多くの言語と違って、文字を見ただけではどんな意味か想像すらつかないので、言葉の壁はいまだに大きく立ちはだかる。

東京をはじめとする日本の都市は、大きくて人が多くてにぎやかだ。地方に行くと、まるで過去の時代のような風景が広がる。日本ではすべてが旋風のようだ。バーカルチャーからショッピング、旅行、食べ物まで、何もかもが最大の音量に設定されているようで、世界で類を見ないほど色彩豊かでドラマチックでエキサイティングな場所だ。日本の旅を成功させるコツは、事前に十分に準備すること（今の時代なら簡単にできる）、そして怖がらずに存分に味わうことだ。

ここでは重要な蒸溜所（60〜111ページ参照）をピックアップし、それぞれの都市にある観光名所をいくつか紹介した。それに続いて、交通アクセスの情報も載せた。

日本国内の移動は比較的簡単だ。鉄道は日本人が国民的情熱を傾ける産業であり、日本の主要都市をつなぐ新幹線については海外でもよく知られている通り。また各地のローカル電車も発達している。さらに、国内線のフライトを使って行ける場所も多く、バスや夜行バスも整備されている。鉄道や飛行機のパスを使うこともできるし、交通費はそれほど高くない。基本情報は英語でも提供されていて、コストパフォーマンスが良い移動手段を選ぶための情報も充実している。

TOKYO

東京

　東京都は日本の都道府県のひとつで、23区のほか、複数の都市や町や村、それに伊豆諸島と小笠原諸島を有する。ショッピングや娯楽、カルチャー、飲食に関してのチョイスはほとんど無限。歴史を感じたければ、浅草などの地区がおすすめだし、数多くの優れた美術館や博物館、歴史的な神社仏閣、それに庭園がある。東京は日本の本州の太平洋側にあり、周辺にはさまざまな蒸溜所が点在する。秩父は東京から107キロ（66ページ参照）、富士御殿場は102キロ（72ページ）、白州は155キロ（76ページ）。東京都心や、そこから気軽に電車で出かけられる郊外には、魅力的な公園も多数ある。東京を十分に紹介するにはそれだけで1冊本を書かなくてはいけないが、ここでは是非訪れたい場所をいくつか紹介する。

秋葉原
電器関連のありとあらゆる製品が見つかるショッピング街で、極小なショップから超大型店まで、無数の店舗がひしめき合う。10年ほど前から、日本のオタクやアニメ文化の中心地となり、アニメ、まんが、レトロなビデオゲーム、フィギュア、カードゲームなどのコレクター向け製品の店が数十軒ある。メイドやアニメのキャラクターのようなウェイトレスに会えるメイドカフェも。

上野公園
上野駅のすぐ近くにある大きな公園。もとは東京で最大かつ最も裕福なお寺、寛永寺の敷地だったのが、日本で最初の西洋式公園のひとつになり、1873年に一般に公開された。構内には東京国立博物館、国立西洋美術館、東京都美術館、国立科学博物館、それに上野動物園がある。

東京国立博物館
日本で最も古く、最大かつトップレベルの国立博物館。日本美術と考古学の大規模で質の高い所蔵品は11万点あまりに達し、その中から常時数千点ほどが展示されている。さらに、特別展も開かれる。英語の案内とオーディオガイドが利用できる。

浅草
古き良き東京の雰囲気を残す下町の中心。主な名所は、7世紀建立の有名なお寺である浅草寺で、その門前の仲見世には、参拝客を相手に伝統的な軽食が楽しめる茶店や土産物店が軒を連ねる。徒歩で回るか、人力車のガイドツアーを利用すると良い。

東京スカイツリー
テレビ放送のための電波塔で、墨田区のスカイツリータウンの中心的な建物。浅草から遠くない。高さ634メートルで、日本で最も高い建造物。水族館のある大型商業施設を併設している。東京の絶景が見渡せる2つの展望台は、それぞれ350メートルと450メートルの高さにあり、これだけの高さで眺望が楽しめる場所は世界でも珍しい。

渋谷
東京23区のひとつだが、渋谷といえば、ショッピングとエンターテインメントの施設が集まる渋谷駅周辺の人気エリアを指すことが多い。若者のファッションとカルチャーの中心地で、ストリートでは日本のファッションやエンターテインメントの流行が発信される。

前ページ・右 東京は世界最大の都市といっても過言ではない
右上 明治神宮。原宿駅に近く、境内は散歩に最適

明治神宮
明治天皇と昭憲皇太后を祀る神社。乗降客数の多い原宿駅のすぐそばにあり、代々木公園とともに都心に広大な緑地を形成している。境内には遊歩道が整備されていて、ゆったり散歩が楽しめる。原宿は流行に敏感な東京の若者たちを惹きつける場所で、ティーン向けファッションの店やクールな飲食店が多数軒を連ねる。

新宿御苑
東京を代表する広大な公園でとても人気がある。新宿駅のすぐ近くにあり、広い芝生や張り巡らされた歩道、静かな風景が都会の喧騒を忘れさせてくれる。春は東京でも有数の桜の名所。新宿御苑の中には、3種類の庭園がある。小島や橋のある大きな池を有する伝統的な日本庭園。幾何学的なフランス式庭園。そして、桜の木に囲まれた芝生のある英国式庭園だ。敷地内にはそのほか、レストラン、アートギャラリー、それに熱帯や亜熱帯の花々が咲く温室がある。

ACCESS

[フライト]
東京には成田と羽田の2つの大型空港がある。ほとんどの国際線が発着する成田は、東京から56キロの地点にある。より都心に近い羽田空港は、ブリティッシュ・エアウェイズの直行便の一部が利用するが、全般に成田よりも国際線の発着便は少ない。

[バス・鉄道]
JRの成田エクスプレスが都心の主な駅に乗り入れていて、そこから乗り継いでいくこともできる。成田空港からのタクシーは高額なので避けた方が良い。

▶ 都内のホテルと空港を往復するシャトルバスも便利。
www.limousinebus.co.jp

▶ 東京都内の移動については、電車と地下鉄が非常によく発達している。駅員や車掌は親切で、どこも英語の表示があり、時刻はとても正確。

SENDAI

仙台

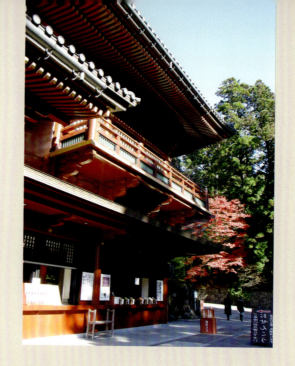

東京から仙台は、東北新幹線で1時間半。宮城峡蒸溜所（96ページ）に行くなら、仙台は24キロしか離れていないので、ぜひ訪れたい。人口はおよそ100万人で、東北地方最大の都市だ。17世紀初め、戦国時代の有力な武将、伊達政宗がここに築城したことから近代都市としての歴史が始まる。仙台の観光名所のほとんどが、政宗と伊達家に関係した場所だ。2011年の津波により、仙台の沿岸地域は被災したが、中心部には大きな被害はなかった。

上・下 静かな時間が過ごせる輪王寺。美しい庭園があり、池にはたくさんの鯉がいる

仙台城とも呼ばれる青葉城。第二次世界大戦後、慎重に再建された。現在、国の史跡に指定されている

仙台のダウンタウン

杜の都として知られる仙台は、手ごろな広さの緑豊かなダウンタウンがある。一番町は、数多くの通りが複数のショッピングモールと連結している一大商店街で、アーケードに木が植えられている。安売り店からアップルストアまで、さまざまなショップが集まる。そのほか、新鮮な食料品を売る仙台朝市もある。独特の雰囲気のある街だ。

青葉城

1601年築城、1945年に連合軍による空襲で破壊された青葉城は、高さ100メートルの地点から仙台を見下ろし、城址からは街の眺望が望める。城の歴史を紹介する資料展示館があり、往時の建築の模型や遺物が展示されている。ビデオ上映は英語の同時通訳付き。

輪王寺

仙台の街の中心に近く、美しい庭園があることで名高い。1441年建立の歴史を持ち、庭園には複数の遊歩道と三重塔、鯉が泳ぐいくつもの池がある。仙台のオアシスだ。

ACCESS

[新幹線]
仙台はJR東北新幹線により東京と結ばれている。はやぶさ、はやて、こまちは仙台と東京を約1時間半で結び、座席予約が必要。やまびこは自由席もあり、2時間弱かかる。ジャパンレールパスやJR東日本パスが使える。

[普通列車]
東京―仙台間は普通列車だと7時間ほどかかり、電車を3〜4回乗り換えなくてはならない。

[高速バス]
ウィラーエクスプレスなど複数のバス会社が、東京―仙台間の直通の高速バスを昼夜とも運行している。所要時間は約5時間半。

OSAKA

大阪

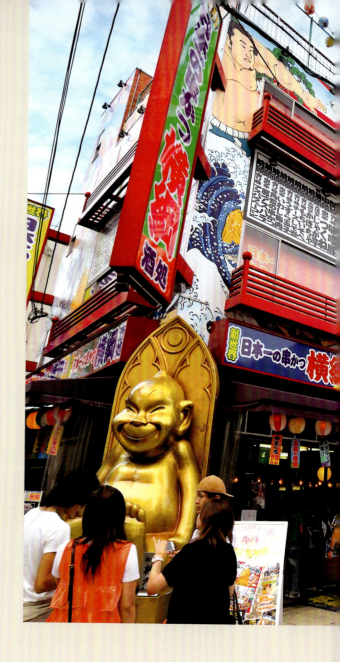

　人口260万の大阪市は、規模でいえば日本の第3の都市、重要度でいえば第2の都市だ。何世紀も前から、関西地方の経済の原動力となってきた。大阪の滞在中には、ぜひウイスキーバー（176〜178ページ）を訪れたい。山崎蒸溜所（82ページ）に近いことから、サントリーの希少なボトルが幅広く楽しめる。山崎蒸溜所は大阪から33キロ、ホワイトオーク蒸溜所（102ページ）は40キロ、宮下酒造（93ページ）は180キロの距離にある。

新世界
1903年の内国勧業博覧会をきっかけに、パリやニューヨークをお手本に開発された地区。通天閣は1912年、パリのエッフェル塔を模して建てられた。大阪名物の串カツを食べるならここ。伝統的には魚を串刺しにして揚げた料理だったが、今では鶏肉、牛肉、野菜が主流で、果物も使われる。新世界の串カツ店は24時間営業のところが多いが、夜に灯りがともる頃に活気は本番を迎える。また、スパワールドでは地下から汲み上げられた天然温泉がいくつもの浴槽で楽しめる。男女別の湯で、水着なしで入浴する。

大阪城
何度も破壊された苦難の歴史を持つ城で、現存するのは1931年にコンクリートと鉄で再建された建築。第二次世界大戦の空襲では被害を受けなかった。1990年代にさらに近代化され、天守閣では城の歴史を詳しく展示している。大阪城公園は緑豊かで、さまざまなスポーツ施設や大阪城ホール、それに豊国神社がある。

上　大衆的な商業施設が多数集まる新世界。伝統的な料理や天然温泉も楽しめる
右上　日本伝統の人形劇、文楽が見られる貴重な場所、国立文楽劇場

国立文楽劇場
文楽は日本伝統の人形劇で、何世紀もの間、非常に人気のある娯楽だった。大阪はその中心地であり、国立文楽劇場は文楽が観られる貴重な場所だ。上演は1月、4月、6月、7〜8月、11月に3週間ずつ行われ、英語字幕付きの上演があるほか、同時通訳のヘッドフォンが利用できる。

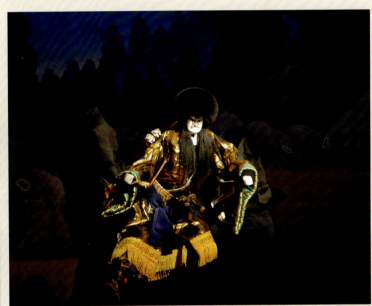

ACCESS

[新幹線]
東京（東京駅と品川駅）─大阪（新大阪駅）間は、JR東海道新幹線が運行していて、所要時間は約2時間半〜4時間、距離は500キロ。

[高速バス]
東京─大阪間は高速バスで約8時間。昼夜とも運行している。東京─大阪間は各社競争が激しく、快適さを追求したバスや、割引価格でのチケットが多数見つかる。

[フライト]
複数の航空会社が東京─大阪間で運航している。東京・羽田空港と大阪・伊丹空港の発着便が多いが、東京・成田空港や大阪・関西空港の発着便も少数ある。所要時間は約1時間。

Osaka | 大阪

OKAYAMA

岡山

　岡山市は岡山県の県庁所在地で、中国地方では広島市に続き第2の都市。交通の要所であり、江戸時代（1603～1867年）には城下町として栄え、大きな権力を持つ都市に成長した。岡山の一番の名所といえば後楽園で、日本でもトップを争う名園だ。岡山は有名な昔話「桃太郎」の舞台でもあり、岡山を歩くとあちこちで桃太郎を目にする。ウイスキーの生産を始めつつある宮下酒造（93ページ）は、岡山から32キロの地点にありアクセスしやすい。

後楽園
岡山の一番の名所。日本三名園のひとつとされ、岡山城のすぐ近くにある。1687年、岡山藩2代藩主池田綱政が命じて後楽園を造らせた。1884年、岡山県の所有となり、公園として一般に開放された。大きな池や川があり、小道が張り巡らされ、丘からは眺望が楽しめる。広い芝生や梅林があり、桜やモミジの木が植えられているほか、茶畑や井田、弓場、鶴舎なども有する。

犬島
犬島は岡山沖の小島。近年、現代アートの施設が造られ、瀬戸内トリエンナーレの舞台にもなっている。面積が小さいことから徒歩で回れる。かつて島には銅精錬所があり、廃墟となっていたが、2008年、犬島精錬所美術館に生まれ変わった。展示室はほとんどが地下にあり、鏡のトンネルである柳幸典の作品「イカロス・セル」はとりわけ印象的だ。

倉敷
岡山市から16キロほどの地点にある倉敷は、米の流通の拠点だった江戸時代から続く美しい運河の地区がある。倉敷にはかつての土蔵を利用したブティックやカフェ、美術館などがあり、西洋の著名アーティストの作品を多数所蔵する大原美術館もその一例だ。

上　旭川の北側に広がり、高い人気を誇る後楽園
右上　古都倉敷の運河にかかる橋。白壁土蔵の町並みはこの街の名物
右下　岡山県の12月の夕暮れの風景

ACCESS

[新幹線]
東京と岡山はJR東海道・山陽新幹線の主要な2つの駅。所要時間は約3時間半〜、ひかりの場合は4時間。なお自動車道路の距離はおよそ660キロ。

[フライト]
JALとANAが東京・羽田空港―岡山空港間のフライトを毎日複数便運航している。飛行時間は75分間。

[夜行バス]
両備、小田急、JRバスなどのバス会社が、東京（東京駅と新宿駅）―岡山（岡山駅）間の夜行バスを運行している。所要時間は約10時間。

SAPPORO

札幌

ニッカの余市蒸溜所（106ページ）に最も近い都市は小樽だが、小樽に行くには札幌を経由する必要があるため、札幌を先に取り上げる。札幌は見どころが多く、ぜひ立ち寄りたい魅力的な街だ。札幌は余市蒸溜所から58キロ。札幌滞在中は、ニッカバーに行き、ニッカの希少なシングルモルトを味わってみてはいかが。新しい厚岸蒸溜所（64ページ）は北海道の反対側の沿岸にあり、320キロ離れている。

札幌市は北海道の県庁所在地で、日本で5番目に大きい都市。北海道の行政の中心として選ばれ、外国人技師たちの協力を得発展した。このため、北米のように格子状に道が整備されている。札幌は1972年、冬季オリンピックが開かれたことから世界中に知られるようになった。今日、札幌はラーメン、ビール、そして毎年2月に開かれる恒例のさっぽろ雪まつりで有名だ。

すすきの
東京以外では日本最大の歓楽街で、派手でカラフルなショップ、バー、カラオケ店、それに風俗産業の店が立ち並ぶ。スロットマシンの技術とピンボールを混ぜ合わせたようなゲーム機であるパチンコも楽しめる。ラーメン横丁は、札幌ラーメンの店が小道の両側にぎっしりと軒を連ねる。毎年2月には、さっぽろ雪まつりのすすきの会場が設けられる。

さっぽろ雪まつり
毎年2月に1週間行われる。1950年から開催されていて、見事な雪像や氷の彫刻が造られ、毎回200万人あまりの観光客を集める大きなイベントになっている。雪まつりは、大通、すすきの、つどーむの3つの会場で行われる。メイン会場は札幌の中心である大通。有名な大きな雪像のほか、100あまりの小さめの雪像もここに展示される。近くにあるさっぽろテレビ塔は、雪まつり期間中には営業時間を延長。イベント全体が見渡せる絶好のスポットだ。

北海道の歴史建築52棟が集まる北海道開拓の村。札幌はスキーが楽しめるほか、毎年恒例のさっぽろ雪まつりの開催地だ

北海道開拓の村と北海道博物館
北海道開拓の村は、札幌郊外にある野外博物館。明治から大正にかけて、北海道の開拓が大規模に進められた時代の典型的な歴史建築52棟を、北海道の各地から移設・復元して展示。敷地内は、市街地群、漁村群、農村群、山村群の4つに分けられている。
北海道博物館は、北海道の開拓の歴史について展示している。北海道開拓の村から徒歩10分ほどの場所にある。博物館は、2万年前に人類が初めて居住した頃から、第二次世界大戦の終戦後、そして未来へと、時系列に沿って8つのエリアに分けて展示されている。

サッポロテイネ
札幌から40分ほど郊外に行ったところにあるスキー場で、近隣に点在する中規模のスキー場の中で最も大きい。広く緩やかなゲレンデから、長い急斜面が続く上級者向けまでさまざまなコースがあり、そのうち2コースは1972年の冬季オリンピックで使われた。2つのゾーンに分かれていて、その間は連結されている。ハイランドゾーンは、中級と上級のコースがあり、バックカントリーも楽しめるほか、ジャンプやボックス、レールなどの設備のあるスノーパークがある。オリンピアゾーンは広くて緩やかな初心者向け斜面があり、家族向けのエリアではそりやタイヤに乗って雪面を滑る遊びなどが楽しめる。

モエレ沼公園
日系アメリカ人彫刻家のイサム・ノグチによる大胆な設計の公園。ごみ埋め立て地跡の公園で、札幌市が1988年にノグチに設計を委託した。

ACCESS

[新幹線]
東京―札幌間は世界で最も移動者数の多い空路で、1日に数十便が飛んでいる。フライトの大部分は東京・羽田空港と札幌・新千歳空港を利用するが、成田空港発の便も少なくない。
➡飛行時間は約90分。

[鉄道]
JR北海道新幹線で東京駅から新函館北斗駅まで（4時間2分）。そこからJR函館本線特急で札幌駅へ（3時間半）。
➡乗車時間はトータルで8時間ほど。

OTARU

小樽

上　2月にさっぽろ雪まつりと同時に開催されるすばらしい光のイベント、小樽雪あかりの路
右　見事にライトアップされる小樽運河は、日中散策するにも良い場所だ

　余市蒸溜所（106ページ）からわずか20キロの距離にあり、日本ではウイスキー蒸溜所に最も近い都市が小樽だ。小樽は小さな港町で、札幌の北西38キロにあたり、電車で30〜45分。美しい運河の地区とユニークな建築で知られる。商業と漁業で栄えた長い歴史があり、古い倉庫、漁家や事務所だった建築が、ダウンタウンに懐かしい風情を残している。

小樽運河
20世紀初頭に栄えた港の中心だったが、技術の進歩により衰退した。地元の人たちが1980年代に運河の一部を再建し、古い倉庫街が博物館、ショップ、レストランに生まれ変わった。昼間はアーティストたちが作品を展示し、夜には昔風のガス灯がともって独特の雰囲気を作り出す。

小樽雪あかりの路
毎年2月、通常さっぽろ雪まつりと同時期に開催されるイベント。街中がろうそくの灯りで照らされ、小さな雪像で飾られる。連日ろうそくでライトアップされる公式メイン会場が2か所ある。小樽駅から徒歩15分。

小樽市総合博物館
小樽運河沿いにあって歴史を紹介している運河館と、中心部からやや外れた鉄道用地内にある本館（旧小樽交通記念館）で構成される。運河沿いの旧小樽倉庫にある運河館は、小樽の中心の観光エリア内に位置し、北海道の先住民であるアイヌの人々の暮らしから1970年代の歴史保護運動まで、小樽の歴史を模型や実物の展示で紹介していて、英語のパンフレットでも解説がある。
本館は観光エリアを外れたところにあり、北海道の鉄道発祥の地に位置する。さまざまな時代の実物大の列車が展示されていて、小樽の鉄道の歴史についての解説もある。

ACCESS

[鉄道]
札幌を経由して小樽へ。札幌―小樽間は毎時数本の電車が運行している。所要時間は特急で片道30分、普通で45分。

日本のウイスキーリスト

Whisky Directory

市場で入手可能な日本のウイスキーのうち主なものを紹介する。
まずメーカーにより分類され、その中で蒸溜所別に並べられている。
シングルモルトは常に1つの蒸溜所で造られるが、ブレンデッドとブレンデッドモルトは
複数の異なる蒸溜所のウイスキーをもとに造られ、また常に同じ蒸留所でブレンドされるとは限らない。
したがって、ブレンデッドウイスキーは蒸溜所ではなくメーカーの項目内でリストアップしている
（ただし例外は、常に相生ユニビオでブレンドされるレインボーウイスキー）。
（％はアルコール度数）

相生ユニビオ株式会社

相生ユニビオ蒸溜所

ブレンデッドウイスキーとブレンデッドモルトウイスキー

レインボーウイスキー … 37%

中国醸造株式会社

ブレンデッドウイスキーとブレンデッドモルトウイスキー

戸河内 8年 … 40%
戸河内 12年 … 43%
戸河内 18年 … 43%

江井ヶ嶋酒造株式会社

ブレンデッドウイスキーとブレンデッドモルトウイスキー

ホワイトオーク あかし … 40%
ホワイトオーク あかし ブレンデッドグリーン … 40%
ホワイトオーク あかし ブレンデッドモルト … 40%
ホワイトオーク 刻の香 ブレンデッドモルト … 40%

ホワイトオーク蒸溜所

シングルモルト

ホワイトオーク あかし NAS … 46%
ホワイトオーク あかし 14年 … 56%
ホワイトオーク あかし 15年 … 58%
ホワイトオーク あかし 8年 … 50%
ホワイトオーク あかし 5年 … 45%
ホワイトオーク あかし 5年 オロロソ シェリーカスク … 50%

本坊酒造株式会社

ブレンデッドウイスキーとブレンデッドモルトウイスキー

マルス 岩井 トラディション … 40%
マルス 岩井 トラディション ワインカスクフィニッシュ … 40%
マルス アンバー … 40%
マルス モルテージ 越百 … 43%
マルス モルテージ 駒ヶ岳 ピュアモルト 10年 … 40%
マルス モルテージ 駒ヶ岳 ピュアモルト 10年
　　　 ワインカスクフィニッシュ … 40%
マルス ツインアルプス40%
マルス 軽井沢倶楽部 … 39%
マルス ザ・ラッキーキャット … 39%
モンデ ローヤルクリスタル … 40%

マルス信州蒸溜所

シングルモルト

マルス モルトギャラリー アメリカンホワイトオーク … 58%
マルス 駒ヶ岳 シングルカスク 24年 … 58%
マルス 駒ヶ岳 シングルカスク 25年 … 46%
マルス 駒ヶ岳 ザ・リバイバル 2011 … 58%
マルス 駒ヶ岳 シェリー&アメリカンホワイトオーク 2011 … 57%
マルス 駒ヶ岳 コニャックカスク #1060 23年 … 63.5%
マルス 駒ヶ岳 1985 シェリーカスク #162 … 60.7%
マルス 駒ヶ岳 2012 シェリーカスク #1436 … 58%
マルス 駒ヶ岳 シングルカスク 1988 25年 … 59%

キリン

富士御殿場蒸溜所

シングルモルト
富士御殿場 17年 … 46%
富士山麓 18年 … 43%

シングルグレーン
富士御殿場 15年 … 43%
富士御殿場 シングルグレーン ブレンダーズチョイス … 46%

モンデ酒造株式会社

ブレンデッドウイスキーとブレンデッドモルトウイスキー
石和 ブレンデッドウイスキー … 40%

モンデ酒造蒸溜所

シングルモルト
石和 モルトヴィンテージ 1983 25年 … 43%
石和 シングルモルト 10年 … 43%

ニッカウヰスキー株式会社

ブレンデッドウイスキーとブレンデッドモルトウイスキー
ニッカ カフェグレーン … 45%
ニッカ フォーチュン80 … 43%
ニッカ 北海道 12年 … 43%
ニッカ 70周年記念限定製造ウイスキー ジ・アニバーサリー 12年 … 40%
ザ・ニッカ 40年 … 43%
ニッカ オールモルト … 40%
ニッカ ゴールド＆ゴールド サムライ … 43%
スーパーニッカ レアオールド … 45%
スーパーニッカ 原酒 … 55.5%
初号スーパーニッカ 復刻版 … 43%
ニッカ ピュアモルト カスクストレングス … 55.5%
ニッカ ピュアモルト 12年 … 40%
ニッカ ピュアモルト 17年 … 43%
ニッカ ピュアモルト 21年 … 43%
ニッカ ピュアモルト ブラック … 43%
ニッカ ピュアモルト ブラック 8年 … 40%
ニッカ ピュアモルト レッド … 43%
ニッカ ピュアモルト ホワイト … 43%
ニッカ フロム・ザ・バレル … 51.4%
ニッカ 竹鶴 ピュアモルト NAS … 43%
ニッカ 竹鶴 ピュアモルト シェリー … 43%
ニッカ 竹鶴 ピュアモルト 12年 … 40%
ニッカ 竹鶴 ピュアモルト 17年 … 43%
ニッカ 竹鶴 ピュアモルト 21年 … 43%
ニッカ 竹鶴 ピュアモルト 25年 … 43%
ニッカ 竹鶴 35年 … 43%
ニッカ 鶴 17年 … 43%

シングルグレーン
ニッカ カフェグレーン カスク#198156 … 60%

シングルモルト
ニッカ カフェモルト … 45%

宮城峡蒸溜所

シングルモルト
宮城峡 10年 … 45%
宮城峡 12年 … 45%
宮城峡 15年 … 45%
宮城峡 20年 1988 … 50%
宮城峡 20年 1990 … 48%
宮城峡 1986 シングルカスク #80283 … 63%
宮城峡 1988 シングルカスク #55 23年 … 57%
宮城峡 1989 シングルカスク #105419 … 60%
宮城峡 1990 シングルカスク #36385 … 61%
宮城峡 NAS 2015 … 45%

余市蒸溜所

シングルモルト
余市 10年 … 45%
余市 12年 … 45%
余市 15年 … 45%
余市 20年 … 52%
余市 20年 1988 … 55%
余市 20年 1989 … 55%
余市 20年 第10回ウイスキーライヴ東京 … 62%
余市 1991 シングルカスク 18年 #129374 … 58%
余市 19年 シングルカスク#36385 … 61%
余市 23年 シングルカスク#112814 … 59%
余市 NAS … 45%
余市 スコッチモルトウイスキーソサエティ 23年 … 57.1%

笹の川酒造株式会社

ブレンデッドウイスキーとブレンデッドモルトウイスキー
笹の川 チェリーウイスキーEX … 40%

山桜蒸溜所

シングルモルト
山桜 15年 ピュアモルト … 43%

サントリー

ブレンデッドウイスキーとブレンデッドモルトウイスキー
響 12年 … 43%
響 17年 … 43%
響 21年 … 43%
響 30年 … 43%
響 ジャパニーズハーモニー … 43%
響 ディープハーモニー … 43%
響 メロウハーモニー … 43%
北杜 12年 … 40%
サントリー 1981 木桶仕込 … 43%
サントリー 1991 古樽仕上 … 43%
サントリー ミレニアム 2000 … 43%
サントリー リザーブウイスキーシルキー … 43%
サントリー ローヤル … 43%
サントリー ウイスキーエクセレンス … 43%
サントリー 角瓶 … 40%
サントリー 角瓶 プレミアム … 43%
サントリー ストーンズバー … 50%

シングルグレーン
サントリー 知多 シングルグレーン … 43%

白州蒸溜所
シングルモルト
白州 10年 … 40%
白州 12年 … 43%
白州 18年 … 43%
白州 25年 … 43%
白州 1989 … 60%
白州 ウイスキーショップW. 3周年記念 シングルカスク … 55%
白州 ディスティラーズリザーブ … 43%
白州 ヘビリーピーテッド … 48%

山崎蒸溜所
シングルモルト
山崎 10年 … 40%
山崎 12年 … 43%
山崎 18年 … 43%
山崎 25年 … 43%
山崎 10年 カスクストレングス … 57%
山崎 15年 カスクストレングス … 58%
山崎 1984 … 48%
山崎 1993 … 62%
山崎 バーボンバレル … 48.2%
山崎 1979 ミズナラオークカスク … 55%
山崎 シェリーカスク … 48%
山崎 スコッチモルトウイスキーソサエティ 16年 … 54%
山崎 スコッチモルトウイスキーソサエティ 11年
　　　ラズベリー インペリアル スタウト … 53.9%
山崎 シングルカスク ウイスキーライヴ東京 2012 … 58%
山崎 ディスティラーズリザーブ … 43%
山崎 パンチョン 2013 … 48%
山崎 1986 オーナーズカスク … 60%

株式会社ベンチャーウイスキー

ブレンデッドウイスキーとブレンデッドモルトウイスキー
イチローズモルト&グレーン … 46%
イチローズモルト&グレーン プレミアム … 50%
イチローズモルト ダブルディスティラリーズ ピュアモルト … 46%
イチローズモルト ミズナラウッドリザーブ … 46%
イチローズモルト ワインウッドリザーブ … 46%
軽井沢／山梨 三楽オーシャンブライトデラックス … 42%

秩父蒸溜所
シングルモルト
秩父 オン・ザ・ウェイ … 58.5%
秩父 シングルカスク バーボンバレル 3年 … 62.2%
秩父 ちびダル … 53.5%
秩父 ちびダル 2009 カスク#286 … 53.5%
秩父 ポートパイプ … 54.5%
秩父 ザ・ファースト … 61.8%
秩父 ザ・フロアーモルテッド 3年 … 50.5%
秩父 ザ・ピーテッド 2010 … 59.6%
秩父 ザ・ピーテッド 2011 … 62.5%
秩父 ザ・ピーテッド 2015 … 62.5%
秩父 ニューボーン2009 ヘビリーピーテッド … 61.4%

羽生蒸溜所
シングルモルト
羽生 2000 ズマ ロカ シングルカスク #919 … 57.6%
羽生 1988 シングルカスク #9501 … 55.6%
羽生 1991 シングルカスク … 57.3%
羽生 1990 ザ・ウェイブ カスク#9305 … 53%
羽生 1988 ナイスバット カスク#9307 … 55%
羽生 能 ウイスキー21年 カスク#9306 … 55.6%
羽生 シングルカスク ウイスキートーク福岡 2011 … 60.1%
イチローズモルト 羽生 2000-2010 ザ・ファイナルビンテージ … 59%
イチローズモルト 羽生 2011 東京ウイスキーライヴ … 60.9%
イチローズモルト ウイスキートーク 12年 … 60.1%

イチローズモルト カードシリーズ：
* エイト・オブ・ハーツ … 56.8%
* シックス・オブ・ハーツ … 57.9%
* ファイブ・オブ・スペーズ … 60.5%
* エース・オブ・クラブズ 2000 … 59.4%
* エイト・オブ・クラブズ 1988 … 56%
* テン・オブ・クラブズ … 52.4%
* エース・オブ・ダイヤモンズ … 56.4%
* フォー・オブ・ダイヤモンズ カスク#9030 … 56.9%
* カスクストレングス 23年 … 58%
* ザ・ジョーカー … 57.7%

軽井沢蒸溜所
シングルモルト
軽井沢 17年 … 59.5%
軽井沢 シングルカスク#2725 台湾向け … 59.6%
軽井沢 1967 シングルカスク#6426 … 58.4%
軽井沢 1968 シングルカスク#6955 … 61.1%
軽井沢 1970 シングルカスク#6177 … 64.3%
軽井沢 1971 シングルカスク#6878 … 64.1%
軽井沢 1973 シングルカスク#6249 … 56%
軽井沢 1976 シングルカスク#6719 … 63%
軽井沢 1967 42年 … 58.4%
軽井沢 ビンテージ 1981 カスク #2634 … 55.2%
軽井沢 1964 … 57.7%
軽井沢 1981 … 63.4%
軽井沢 1981 #103 … 54.5%
軽井沢 1981 能シリーズ 31年 … 56%
軽井沢 1982 バーボンカスク 29年 … 58.8%
軽井沢 1985 シングルカスク #7017 … 60.8%
軽井沢 1986 シングルカスク #7387 … 60.7%
軽井沢 能 29 バーボンカスク … 58.8%
軽井沢 能 31 シェリーカスク … 63.9%
軽井沢 浅間魂 … 48%
軽井沢 19年 第10回ウイスキーライヴ ウイスキーマガジン … 60%
軽井沢 1988 ビンテージ … 60.6%
軽井沢 琥珀 1995 ビンテージ 10年 … 59.9%
軽井沢 シェリーカスク 30年 … 58.2%
軽井沢 スコッチモルトウイスキーソサエティ 132.6
　　　ナイト・ナース・ニップト・バイ・ピラニヤズ 12年 … 63 %
軽井沢 ザ・カラーズ・オブ・フォー・シーズンズ 13年 … 64.2%
軽井沢 1981 シングルカスク#7982 … 54.5%
軽井沢 1982 TWE 10周年記念 シェリーカスク#2748 … 56.1%
軽井沢 1999 14年 ラストボトリング … 60.5%
軽井沢 1999 14年 カスク#2316（HST向け）… 61.3%
樽出 軽井沢 1981 13年 … 58%
軽井沢 1984 ブルーウェイブ カスク#3657 … 59.7%

軽井沢 1997 スピリットセーフ カスク#3312 … 60.2%
軽井沢 ザ・バーショー 2013 … 62.4%
軽井沢 1984-2012 インターナショナルバーショー … 61.6%
軽井沢 カスクストレングス 第1弾 … 61.7%
軽井沢 カスクストレングス 第2弾 … 61.7%
軽井沢 カスクストレングス 第3弾 … 60.5%
軽井沢 シードラゴン 2000 12年 … 64.3%
軽井沢 メモリーズオブ軽井沢 16年 … 61.8%
軽井沢 能 マルチビンテージ … 59.1%
軽井沢 マーティンズセレクション ビンテージ 1973 … 56%

川崎蒸溜所

シングルモルト
イチローズチョイス 川崎1981／ボトリング2009年 … 62.4%

シングルグレーン
イチローズチョイス 川崎 1976 33年 … 65.6%
川崎 1980 シングルカスク グレーン … 59.6%
川崎 1982 ウイスキーライヴ東京29年 … 65.5%

若鶴酒造株式会社

若鶴酒造蒸溜所
シングルモルト
若鶴 サンシャイン 20年 … 59%

279

用語集

Glossary

アモローゾ
ダークでリッチ、甘口のシェリー。オロロソ（シェリー）に似ている。

アモンティリャード
シェリーの一種。代表的な産地である南スペインのモンティリャ地方にちなむ呼び名。

アルコール度数
アルコール飲料に含まれるアルコール（エタノール）の体積濃度。

泡盛
日本の沖縄で造られる特産品のお酒で独特の素朴な香りがある。日本酒に似ているが、いくつかの点で違っている。シングルモルトスコッチに似た方法で蒸溜され、日本酒よりもアルコール度数が高く、原料となる米の品種も異なる。

ウォート
マッシングの過程でできる糖分の多い液体。この糖分が発酵してアルコールになる。

ウォッシュ
ウォートに酵母を加えて、発酵させた結果できる液体。

ウォッシュバック
大型の槽で、通常木で作られていて、ディスティラーがウォートを発酵させてウォッシュを作るのに使う。

オロロソ
酸化熟成させて造るシェリーの一種で、濃い色とコクのある風味が特徴。

カスクストレングス
熟成を完了したウイスキーのアルコール度数。希釈する前のウイスキーのカスクストレングスは通常60〜65％。

カラメル
砂糖を原料とする濃い茶色のシロップで、一部のウイスキーメーカーにより着色料として使われる。

グリスト
ウイスキーを造るのに使われる麦芽や他の穀物を荒く挽いたもの。

コンジナー
発酵、蒸溜、熟成の過程で発生する化学物質で、味と香りに影響する。

サラディンボックス
19世紀フランスの発明で、麦芽になる過程の大麦を機械的にかき混ぜる装置。

焼酎
米、麦、またはサツマイモで造るアルコール飲料。

ソレラ
最終的にできあがる製品がさまざまな熟成年数の混合になるよう、少量づつブレンドしていく熟成方法。

樽板（ステーブ）
樽のもとになる木材。

チャーリング
樽造りで、樽の内側を炎で焦がす工程。樽で熟成されるウイスキーの味に影響する。

チルフィルタリング（冷却濾過）
ウイスキーを冷やしてフィルターにかけることで残留物を取り除く過程。

天使の分け前
熟成中に蒸発によって失われる少量のウイスキーをこう呼ぶ。

ドラム
スコットランドで用いられるウイスキー1杯分の単位。通常25ミリリットル前後。

日本酒
米を発酵させて造るアルコール飲料。通常9〜12か月熟成させる。

ニューメイク
蒸溜所で蒸溜されたばかりの熟成前のスピリッツを指す。

年数表示なし（NAS）
ラベルに特定の熟成年数を表記しないウイスキーを指す。

ハイボール
クラブソーダやジンジャーエールで割ったウイスキーのカクテル。トールグラスに氷を入れて供する。

バット
容量475〜480リットルのワイン樽。

ファーストフィルカスク
別の用途で使われた後に、初めて蒸溜したてのウイスキーを入れるオーク樽を指す用語。

フィノ
辛口で色が非常に薄いスペイン産のシェリー。

フェノール
ピートの炎によってウイスキーに移される化学物質。フェノールはスモーキーなアロマと風味のもとになる。

ペドロヒメネス
スペインの一部で栽培される白ブドウ。

保税倉庫
ウイスキーなどの在庫が、課税前であるために「保税」条件で置かれている倉庫。

ホッグスヘッド（「ホッギー」）
容量約208リットルの樽。

マウスコーティング
ウイスキーを口の中に巡らせて、4種の味覚受容体をコーティングすることで風味を十分に味わう方法。

マウスフィール
ウイスキーの強さを分析するために舌の中央に数秒間ウイスキーをとどめること。

マッシュタン
マッシングに用いられる大きな容器。通常、マッシュレークと呼ばれるかき混ぜる機能と、加熱装置を備える。

マッシュビル
ウイスキーの原料となるさまざまな穀物を混ぜたもので、グリーンビルとも呼ばれる。

マッシング
穀物と水を混ぜ合わせて加熱するプロセス。

マデイラワイン
ポルトガルのマデイラ諸島で造られる酒精強化ワイン。いくつかのスタイルがある。

マルサラワイン
イタリア、シチリア島のマルサラ周辺で造られるワイン。

ミズナラ
日本固有のオークで、ミズナラで造られた樽が日本のウイスキーの熟成に使われることがある。

水割り
ウイスキーに大量の水と氷を入れて作る飲み物。

ラーメン
野菜や肉、魚を載せた日本のスープめん。しょうゆかみそで味付けすることが多い。

索引 *Index*

欧文

AWA 響 ‥‥‥‥‥‥‥‥‥‥‥‥‥ 238
K6、京都 ‥‥‥‥‥‥‥‥‥‥‥‥ 179
Nonjatta ‥‥‥‥‥‥‥‥ 20, 144, 148, 151

あ

アードベッグ ‥‥‥‥‥‥‥‥‥‥ 253
相生ユニビオ株式会社 ‥‥‥‥‥ 276
相生ユニビオ蒸溜所 ‥‥‥‥‥‥ 276
アイラ島 ‥‥‥‥‥‥‥‥‥‥ 51, 173
あかし ホワイトオーク ‥‥‥‥‥ 102
明石 ‥‥‥‥‥‥‥‥‥‥‥‥‥‥ 102
赤玉 ‥‥‥‥‥‥‥‥‥‥‥‥‥‥‥ 24
秋葉原 ‥‥‥‥‥‥‥‥‥‥‥‥‥ 263
【肥土伊知郎　秩父蒸溜所、羽生蒸溜所も参照】
　　肥土伊知郎
　　　‥‥‥ 66-7, 70-1, 91, 92, 140-2, 168, 253
アサヒビール ‥‥‥‥‥‥‥ 96, 106
浅間魂 ‥‥‥‥‥‥‥‥‥‥‥‥‥ 91
厚岸蒸溜所 ‥‥‥‥‥‥‥‥ 62-3, 64
アプレスキー・イン・フジ ‥‥‥ 237
【アメリカ】
　アメリカのウイスキー ‥‥‥‥ 14
　ケンタッキーのブレンディング ‥‥‥ 17
　サントリー ‥‥‥‥‥‥‥‥‥ 12
　シカゴのバー ‥‥‥‥‥‥‥ 186
　ニューヨークのバー ‥‥‥‥ 191-6
　ロサンゼルスのバー ‥‥‥‥ 184
アモローゾ ‥‥‥‥‥‥‥‥‥‥ 280
アモンティリャード ‥‥‥‥‥‥ 280
アルコール度数の定義 ‥‥‥‥‥ 280
アルゼンチン ‥‥‥‥‥‥‥‥‥‥ 30
アルバドリ、ドミニク ‥‥‥‥ 248-9
泡盛 ‥‥‥‥‥‥‥‥‥‥ 14, 28, 280
アンクル・ミンズ・バー、シドニー ‥‥‥ 226-7
硫黄 ‥‥‥‥‥‥‥‥‥‥‥‥‥‥ 48
イギリスのバー ‥‥‥‥‥‥‥ 200-6
イチローズモルト カードシリーズ
　　　‥‥‥‥ 92, 149, 154-5, 258
イチローズモルト カードシリーズ エイト・
　　オブ・ハーツ ‥‥‥‥‥‥ 119
イチローズモルト カードシリーズ エース・
　　オブ・クラブズ ‥‥‥‥‥ 218
イチローズモルト カードシリーズ エース・
　　オブ・ダイヤモンズ ‥‥‥ 140
イチローズモルト カードシリーズ ファイブ・
　　オブ・スペース ‥‥‥‥‥ 120

イチローズモルト ダブルディスティラリーズ
　　ピュアモルト ‥‥‥‥‥‥ 206
イチローズモルト ミズナラウッドリザーブ
　　‥‥‥‥‥‥‥‥‥‥‥‥‥ 194
イッテンバー、東京・池袋 ‥‥‥ 168
色、熟成 ‥‥‥‥‥‥‥‥‥‥‥‥ 50
岩井喜一郎 ‥‥‥‥‥‥‥‥‥ 94-5
インド ‥‥‥‥‥‥‥‥‥‥‥ 17, 52
ヴァン・エイケン、ステファン
　　‥‥‥‥‥‥‥‥ 148-51, 250-1
ウイスキー&エーレメント、メルボルン ‥‥ 230-3
ウイスキー投資 ‥‥‥‥‥‥‥ 256-9
ウイスキーのスタイル ‥‥‥‥‥ 19
ウイスキーマガジン ‥‥‥‥ 140, 142
上野公園 ‥‥‥‥‥‥‥‥‥‥‥ 263
ウェブサイト ‥‥‥‥ 20, 144, 151, 279
ウォート ‥‥‥‥‥‥‥‥‥ 46-7, 281
ウォッカトニック、東京・港区 ‥‥ 150, 160
ウォッシュ ‥‥‥‥‥‥‥‥ 47, 281
ウォッシュバック ‥‥‥‥ 46, 47, 281
笛吹郷 1983 ビンテージ ‥‥‥‥ 218
うまみ ‥‥‥‥‥‥‥‥‥‥ 51, 241
梅酒 ‥‥‥‥‥‥‥‥‥‥‥ 51, 214
江井ヶ嶋酒造株式会社 ‥‥‥ 102-4, 276
越後駒ヶ岳 ‥‥‥‥‥‥‥‥‥‥ 41
オーク ‥‥‥‥‥‥‥‥‥‥ 50, 51
【大阪】
　観光案内 ‥‥‥‥‥‥‥‥ 268-9
　気候 ‥‥‥‥‥‥‥‥‥‥ 40, 41
　バー ‥‥‥‥‥‥‥‥ 177-8, 248
オーストラリアのバー ‥‥‥‥ 224-30
【大麦】
　ゴールデンプロミス種 ‥‥‥‥ 90
　日本 ‥‥‥‥‥‥‥‥‥‥ 68, 93
　麦茶 ‥‥‥‥‥‥‥‥‥‥‥‥ 14
　モルティング ‥‥‥‥‥‥‥‥ 46
　輸入 ‥‥‥‥‥‥‥‥‥‥‥‥ 14
オールド・アライアンス、シンガポール
　　‥‥‥‥‥‥‥‥‥‥‥‥ 216-7
【岡山】
　観光案内 ‥‥‥‥‥‥‥‥ 270-1
　宮下酒造蒸溜所 ‥‥‥‥‥‥ 93
オスロ ‥‥‥‥‥‥‥‥‥‥‥‥ 199
小樽、観光案内 ‥‥‥‥‥‥‥‥ 274
小野武 ‥‥‥‥‥‥‥‥‥‥‥‥ 76
オランダ商人 ‥‥‥‥‥‥‥‥‥ 29
オロロソ ‥‥‥‥‥‥‥‥‥‥‥ 281

か

外圧 ‥‥‥‥‥‥‥‥‥‥‥‥‥‥ 33
ガイアフロー ‥‥‥‥‥‥‥‥‥ 100
外国の影響 ‥‥‥‥‥‥ 33, 139, 149, 152
海流 ‥‥‥‥‥‥‥‥‥‥‥‥‥‥ 40
カウン、リタ ‥‥‥‥‥‥ 27, 30, 32
価格 ‥‥‥‥‥‥ 150, 247, 249, 251, 256-9
【カクテル】
　AWA響 ‥‥‥‥‥‥‥‥‥‥ 238
　アプレ・スキー・イン・フジ ‥‥‥ 237
　概観 ‥‥‥‥‥‥‥‥‥‥‥ 235-6
　ハイボール ‥‥‥‥‥‥‥‥ 237
　白州処署 ‥‥‥‥‥‥‥‥‥ 236
　山崎サワー ‥‥‥‥‥‥‥‥ 239
角瓶 ‥‥‥‥‥‥‥‥‥‥‥‥‥‥ 24
カスク ‥‥‥‥‥‥‥‥‥‥‥ 50-5
カスクストレングス、東京・港区 ‥‥ 160
カスクストレングス ‥‥‥‥‥‥ 280
カット ‥‥‥‥‥‥‥‥‥‥‥‥‥ 48
カナダ ‥‥‥‥‥‥‥‥‥‥‥‥‥ 17
カフェスチル ‥‥‥‥‥‥ 52, 96-9
カラメル ‥‥‥‥‥‥‥‥‥‥‥ 280
軽井沢 17年 ‥‥‥‥‥‥‥‥‥ 120
軽井沢 1960 雄鶏 ‥‥‥‥‥‥‥ 259
軽井沢 1964 48年 ‥‥‥‥ 90, 148, 259
軽井沢 1967 シングルカスク#6426 ‥‥ 121, 199
軽井沢 1969 ‥‥‥‥‥‥‥‥‥ 209
軽井沢 1971 シングルカスク#6878 ‥‥‥ 121
軽井沢 1976 シングルカスク#6719 ‥‥‥ 122
軽井沢 1981 シングルカスク#103 ‥‥ 140, 205
軽井沢 1985 シングルカスク#7017 ‥‥‥ 122
軽井沢 1986 シングルカスク#7387 ‥‥‥ 123
軽井沢 1995 18年 ‥‥‥‥‥‥‥ 259
軽井沢 30年 #5347 シェリーカスク ‥‥ 203
軽井沢 スコッチモルトウイスキーソサエティ
　　132.6 ナイト・ナース・ニップト・バイ・ピ
　　ラニヤズ ‥‥‥‥‥‥‥‥ 230
軽井沢蒸溜所
　　‥‥ 62-3, 90-1, 140-2, 148-9, 250, 258, 279
川崎 1980 シングルカスク グレーン ‥‥‥ 148
川崎蒸溜所 ‥‥‥‥‥‥‥‥‥‥ 279
観光案内 ‥‥‥‥‥‥‥‥‥‥‥ 262
気温 ‥‥‥‥‥‥‥‥‥‥‥‥‥‥ 52
気候 ‥‥‥‥‥‥‥‥ 36, 38-40, 52
岸久 ‥‥‥‥‥‥‥‥‥‥‥‥‥ 163
キャンベルタウンロッホ、東京・千代田区
　　‥‥‥‥‥‥‥‥‥‥‥ 155, 175

京都のバー ······························· 179
【キリン】
　軽井沢蒸溜所 ····················· 90-1, 279
　富士御殿場蒸溜所 ··········· 72, 74-5, 277
クエルクス バー、東京・池袋 ············ 168
クラブ・チン、香港 ······················ 222-3
グリスト ································ 280
グレーン ································· 45
グレンモーレンジ ······················· 253
クロル・デヴィッド ····················· 142
ケニーズバー、東京・池袋 ··············· 169
ケンタッキー、ブレンディング ············ 52
堅展実業株式会社 ······················· 64
広告 ················ 145-7, 149-50, 153-4
降水量 ·································· 41
酵母 ······························ 44-5, 47
輿水精一 ································ 57
御殿場 ·································· 72
寿屋 ································ 24, 31
コナラ ································· 104
コパー&オーク、ニューヨーク ·········· 194-5
コルディコット、ニコラ ················· 152-5
コンジナー ······························ 280
コンパスボックス ························ 57

さ
ザ ソサエティ、東京・港区 ··············· 161
ザ・ニッカ 40年 ························· 148
ザ・ハイランダー・イン、スペイサイド
　·································· 200-1
ザ・フラティロン・ルーム、ニューヨーク
　·································· 192-3
ザ・ボウ・バー、札幌 ···················· 181
材料 ······························ 45, 48
サカマキ、ニューヨーク ················· 196-7
佐久間正 ······························ 110-1
笹の川酒造 ··················· 70, 92, 278
【札幌】
　観光案内 ···························· 272-3
　天候 ····························· 40-1
　バー ······························· 181
サラディンボックス ······················ 281
サラリーマン ························ 32, 145
ザリフェ、ラムジー ······················ 12
酸化 ·································· 50
【サントリー】
　大阪 ······························ 177
　供給問題 ·········· 19, 150, 247, 254
　成長 ························· 12, 154
　創業 ······························· 14
　樽（カスク） ·························· 51
　トリスバー ··························· 32
　ハイボール ·········· 145, 149-50, 154

白州蒸溜所 ···················· 76-81, 278
ブレンデッドウイスキー ············ 88, 155
未来 ······························ 250, 254
山崎蒸溜所 ····················· 82-7, 278
歴史 ·································· 23-4
サントリー 21年 ························· 258
サントリーウイスキー白札 ············ 24, 145
サントリーローヤル ······················ 77
シーフード ····················· 235, 240-1
地ウイスキー ···························· 20
シェリーカスク ························· 51-2
シカゴのバー ··························· 186
静岡蒸溜所 ····················· 62-3, 100
湿度 ·································· 52
シドニーのバー ························· 224-9
品野清光 ······························ 177
島本 ·································· 82
ジャクソン、マイケル ····· 139, 142, 145, 152
十三トリスバー、大阪 ···················· 248
熟成 ·································· 50-2
焼酎 ······················ 14, 180, 281
消費者の認識 ········· 19-20, 142-3, 145-6, 152
蒸溜 ······························ 48, 52
【蒸溜所】
　将来計画 ······················ 143, 251
　地図 ····························· 62-3
ショーチュー・ラウンジ・ロカ、ロンドン
　·································· 204-5
ショットバー ゾートロープ、東京・新宿
　···················· 143, 147, 154, 167
シンガポールのバー ······················ 216
シングルモルトの定義 ···················· 57
シンプソン、アンディー ·············· 251, 258
【スコットランド】
　湿度 ······························· 52
　スペイサイド ···················· 45, 47
　日本への影響 ····· 27, 29, 30, 35, 155, 253-4
　バー ······························· 200
スシ&ソウル、ミュンヘン ··············· 212-3
スタア・バー・ギンザ、東京・銀座 ··· 155, 163
スチル ···················· 19, 48-9, 96-9
スーパーニッカ レアオールド ············ 136
スピリットスチル ························ 48
スピンコースターミュージックバー、
　東京・渋谷 ························· 173
スペイサイド ················· 30, 47, 200
スペイサイドウェイ、東京・目黒区 ······· 174
スペイン ································ 17
ズマ、ニューヨーク ···················· 190-1
【製造方法】
　概観 ······························· 44
　材料 ······························· 45
　熟成 ····························· 50-2

蒸溜 ·································· 48
発酵 ·································· 47
マッシング ······························ 46
モルティング ···························· 46
セクシー・フィッシュ、ロンドン ········ 202-3
【仙台】
　観光案内 ···························· 266-7
　宮城峡蒸溜所 ··················· 96-9, 277
ソーキョー・ラウンジ、シドニー ········ 224-5
ソレラ ································· 281

た
大日本果汁 ························ 31, 106
タカバー、大阪 ························· 178
竹鶴 17年 ························ 224, 230
竹鶴 35年 ······························ 216
竹鶴 ピュアモルト ······················ 96
【竹鶴政孝】
　寿屋 ······························· 31
　スコットランド ··············· 14, 27, 30
　大日本果汁 ···················· 31, 106
　ニッカ ····························· 32
　宮城峡蒸溜所 ························· 96
　山崎蒸溜所 ····················· 82, 94
田中城太 ································ 74-5
ダブリナーズ、東京・新宿 ··············· 167
樽 ····························· カスク参照
樽板（ステーブ） ························ 281
地図 ····························· 40, 62-3
秩父 2009 ······························ 148
秩父 オン・ザ・ウェイ ········ 140, 196, 229
秩父 ザ・ピーテッド ···················· 243
秩父 ザ・ファースト ····· 66, 114, 194, 252-3
秩父 ザ・フロアーモルテッド 3年 ··· 115, 252-3
秩父 シングルカスク バーボンバレル··· 200, 213
秩父 ちびダル ·························· 226
秩父 ポートパイプ ·········· 114, 252-3
秩父蒸溜所
　····· 19, 47, 62-3, 66-8, 142, 250, 258, 278
チャーリング ··························· 280
中国醸造株式会社 ······················· 276
地理 ·································· 36
チルフィルタリング ······················ 280
辻宏満 ································· 83
ディアジオ ······························ 154
テイスティングノート概要 ·········· 53, 113
鉄道 ·································· 12
テロワール ······························ 36
天使の分け前 ······················ 52, 280
樋田恵一 ································ 64
ドイツのバー ··························· 213
銅 ·································· 48

【東京】
　ウイスキーライヴジャパン ……… 140, 142-3
　観光案内 …………………………… 263-5
　銀座、バー ………………… 155, 162-3
　渋谷、バー …………………………… 172-3
　新宿・池袋、バー ………………… 166-9
　その他の地区、バー ……………… 174-5
　天候 ………………………………………… 40
　港区、バー ……………………… 158-61
東京国立博物館 ……………………………… 264
トーキョー・バード、シドニー …………… 228-9
トーキョールーズ、東京・新宿 ………… 168
ドクター・ジキルズ・パブ、オスロ ……… 198-9
ドム・ウイスキー、ワルシャワ ………… 214-5
【鳥井信治郎】
　寿屋 ………………………… 14, 24, 31
　写真 …………………………………… 26-7
　日本人の舌 …………………………… 8, 17
　山崎蒸溜所 ……………………… 82, 94
トリスバー ………………… 32, 145, 248
トンコツ、ロンドン …………… 15, 206-7

な
中村大航 …………………………………… 100
ナンバーワン・ドリンクス社
　……………………… 91, 140-2, 149, 154
【ニッカ】
　供給問題 …………… 19, 99, 109-10, 253-4
　大日本果汁 ………………………… 31, 106
　樽 …………………………………………… 51
　宮城峡蒸溜所 ……………………… 96-9, 277
　未来 …………………………… 250, 253-4
　余市蒸溜所 ……………………… 106-9, 277
　歴史 ……………………………… 23, 24, 27
　ニッカ カフェグレーン
　……………… 96-9, 192, 206, 214, 218, 253
ニッカ カフェモルト ……… 206, 214, 218, 226
ニッカ 竹鶴 35年 ………………………… 216
ニッカ 竹鶴 ピュアモルト …………………… 137
ニッカ 竹鶴 ピュアモルト 12年 …………… 134
ニッカ 竹鶴 ピュアモルト 17年 …… 224, 230
ニッカ 竹鶴 ピュアモルト 21年 …………… 134
ニッカ ピュアモルト 17年 ………………… 243
ニッカ ピュアモルト ブラック … 135, 243, 253
ニッカ ピュアモルト ホワイト …………… 136
ニッカ ピュアモルト レッド … 135, 243, 253
ニッカ ブレンダーズ・バー、東京・港区 … 161
ニッカ フロム・ザ・バレル
　……………… 137, 191, 199, 203, 253
ニッカ 余市 1991 シングルカスク ………… 125
ニッカバー、札幌 ………………………… 181
日本酒 ………………… 14, 70, 93, 281
日本全国寄り道の旅 ……………………… 12

ニューメイクの定義 ……………………… 281
ニューヨークのバー …………………… 191-6
【年数表示のない（NAS）ウイスキー】
　定義 ……………………………………… 281
　ニッカ ………… 19, 96, 99, 109-11, 253
　未来 …………………… 155, 250, 253-4
ノルウェーのバー ……………………… 199

は
【バー】
　英国 ……………………………… 200-6
　大阪 ………………… 177-8, 248
　オーストラリア ………………… 224-30
　概観 …………………… 28, 157, 183
　京都 ……………………………… 179
　札幌 ……………………………… 181
　シカゴ …………………………… 186
　シンガポール …………………… 216
　ドイツ …………………………… 213
　東京・銀座 …………… 155, 162-3
　東京・渋谷 ……………………… 72-3
　東京・新宿・池袋 …………… 166-9
　東京・他の地区 ……………… 174-5
　東京・港区 …………………… 158-61
　ニューヨーク ………………… 191-6
　ノルウェー ……………………… 199
　福岡 ……………………………… 180
　フランス ……………………… 209-10
　ポーランド ……………………… 214
　香港 ……………………………… 222
　ロサンゼルス …………………… 184
バー アーガイル、東京・新宿 …………… 167
バー エヴィータ、東京・銀座 …………… 163
バー オーガスタ・ターロギー、大阪 …… 177
バー カリラ、東京・渋谷 …………… 172-3
バー キッチン、福岡 ……………………… 180
バー コルドンノワール、京都 …………… 179
バー ジャッカローブ、ロサンゼルス …… 184-5
バー ハイ・ファイブ、東京・銀座 ……… 162
バー ルパン、東京・銀座 ………………… 163
バー ロックロック、大阪 ………………… 178
バー・プラスチック・モデル、東京・新宿
　………………………………………………… 168
バーK、大阪 ……………………………… 178
バーボンカスク …………………………… 51-2
ハイボール …… 145, 149, 154, 184, 237, 280
ハイボールバー梅田1923、大阪 ………… 178
白州 10年 ………………… 78, 116, 243
白州 12年
　………… 78, 116, 144, 184, 192, 236-7, 241
白州 18年 …… 78, 117, 196, 226, 229
白州 1989 …………………………………… 118
白州 25年 …………………… 78, 117

白州 NAS …………………………………… 144
白州蒸溜所 ……… 37, 62-3, 76-81, 278
白州処暑 …………………………………… 236
【博物館】
　白州蒸溜所 …………………………… 81
　山崎蒸溜所 …………………………… 87
発酵 ……………………………………… 47
バット …………………………………… 280
羽生 1988 シングルカスク#9501 ………… 118
羽生 1990 ザ・ウェイヴ カスク#9305 …… 209
羽生 1991 シングルカスク ……………… 119
羽生 2000 ズマ・ロカ シングルカスク#919
　………………………………… 191, 205
羽生蒸溜所
　……… 62-3, 66, 70, 92, 142, 258-9, 278
バニリン …………………………………… 51
パリ ………………………… 92, 209-10
バンティング、クリス ……… 144-7, 151-2
ピート …………………… 38, 46, 64
ビール …………………… 14, 28, 45, 181
響 12年 …… 132, 184, 196, 214, 238, 243
響 17年 …… 132, 140, 200, 206, 228, 241
響 21年 …………………………………… 133
響 ジャパニーズハーモニー … 87, 89, 184, 224
日比谷BAR WHISKY-S、東京・銀座 …… 163
平石幹郎 …………………………………… 105
ビンチョー、シンガポール ……………… 218-9
ファーストフィルカスク …………………… 280
フィノ ……………………………………… 280
【風味】
　熟成 ……………………………………… 50
　ブレンデッドウイスキー ……………… 58
　ミズナラ ………………………………… 51
フェノール ………………………………… 281
福岡のバー ………………………………… 180
福與伸二 ……………………………… 88-9
富士 ……………………………… 36, 41
富士御殿場 15年 ………………………… 115
富士御殿場蒸溜所 …… 62-3, 72, 277
富士山麓 …………………………………… 72
【不足】
　ウイスキー投資 ……………………… 258
　国際的な供給 ………………………… 23
　サントリー …………… 150, 247, 254
　ニッカ ………… 19, 99, 109, 110, 254
ブックスラッド、ウルフ ………………… 152
フランスのバー ………………………… 209-10
ブルーム、デーヴ
　………… 29, 30, 95, 108, 139, 142, 152
フレイバーホイール（風味の円形図） …… 113
【ブレンデッドウイスキー】
　概要 ……………………………………… 56
　サントリー ……………… 57-8, 77, 88

需要 ························· 77
スコットランド ················· 57
ニッカ ···················· 57-8, 110
日本の製法 ··········· 14-17, 57-8
輸入 ···················· 17, 57
文化 ··········· 12, 28, 139, 145-6, 248
ペーパームーン、東京・池袋 ········· 169
ペドロ・ヒメネス ················· 281
ペルノ・リカール ················· 154
ヘルムズデール、東京・港区 ········· 160
ベンチャーウイスキー ·········· 66-8, 278
ボウモア ··············· 51, 154, 254
ポートパイプ ·················· 52
ポーランドのバー ················· 214
北杜 12年 ·················· 133
保税倉庫 ·················· 280
【北海道　小樽、札幌も参照】
厚岸蒸溜所 ·················· 64
気候 ················· 38, 40, 41
ピート ·················· 64, 108
余市蒸溜所 ·················· 106-9
ホッグスヘッド（「ホッギー」） ········· 280
ポットスチル ·················· 48-9
堀上敦 ············· 146-7, 154, 167
ホワイトオーク あかし 15年 ········· 230
ホワイトオーク蒸溜所 ········ 62-3, 102-4, 276
香港のバー ·················· 222
【本州　岡山、大阪、仙台、東京も参照】
軽井沢蒸溜所 ·················· 90-1
気候 ·················· 40, 41
静岡蒸溜所 ·················· 100
白州蒸溜所 ·················· 76-81
秩父蒸溜所 ·················· 66-8
羽生蒸溜所 ·················· 92
富士御殿場蒸溜所 ·················· 72
ホワイトオーク蒸溜所 ·················· 102-4
マルス信州蒸溜所 ·················· 94-5
宮城峡蒸溜所 ·················· 96-9
宮下酒造蒸溜所 ·················· 93
山崎蒸溜所 ·················· 82-7
本坊酒造株式会社 ············ 94-5, 276

ま

マウスコーティングの定義 ········· 281
マウスフィールの定義 ·················· 281
マキューアン、ジム ·················· 30
マシュー・ペリー提督 ·················· 29
マッシュタン ·················· 281
マッシュタン、東京・品川区 ·················· 175
マッシュビル ·················· 280
マッシング ·················· 46, 280
マデイラ ·················· 280
真似事 ·················· 14

マルサラ ·················· 280
マルス 駒ヶ岳 シングルカスク 25年 ········· 216
マルス信州蒸溜所 ·········· 62-3, 94-5, 276
マレー、ジム ·········· 139, 142-3, 154, 259
【水】
スペイ川 ·················· 45, 47
軟水 ·················· 45
日本 ·················· 38, 41, 78, 89
ミネラル ·················· 45
ミズナラ ·········· 51-2, 68, 254, 281
水割り ·················· 70, 281
宮城峡 10年 ·················· 123
宮城峡 12年 ·················· 124, 224
宮城峡 15年 ·················· 124, 243
宮城峡 1989 シングルカスク ·················· 125
宮城峡蒸溜所 ·················· 62-3, 96-9
宮下酒造蒸溜所 ·················· 62-3, 93
宮下附一竜 ·················· 93
宮本博義 ·················· 8, 20, 163
ミュンヘン ·················· 213
ミラー、マーチン ·················· 140-3
【未来】
価格 ·········· 150, 247, 249, 251
国際的成長 ·················· 154
需要 ·················· 143
消費者の認識 ·················· 19-20
蒸溜所 ·················· 143, 251
伝統 ·················· 248
投資 ·················· 256-9
年数表示なし（NAS）のウイスキー
·················· 155, 250, 253
不足 ·················· 143
輸出 ·················· 147
麦茶 ·················· 14
メイ、サー・ウィリアム ·················· 29
メルボルンのバー ·················· 230
モリソンボウモア ·················· 154
モルティング ·················· 46
モルト・ハウス アイラ、東京・練馬区 ·················· 174
モンデ酒造蒸溜所 ·················· 277

や

山崎 10年 ·················· 126, 154, 243
山崎 12年 ········ 13, 51, 126, 152, 191-2, 229
山崎 18年
···· 127, 200, 203, 205, 210, 214, 241, 243, 256
山崎 1979 ·················· 85
山崎 1984 ·················· 128, 144, 199, 243
山崎 1986 オーナーズカスク ·················· 148, 150
山崎 1993 ·················· 128
山崎 25年 ·················· 127
山崎 アニバーサリーボトル84 ·················· 199

山崎 ザ・カスク オブ ヤマザキ
シェリーバット1990 ·················· 216
山崎 シェリーカスク ·················· 247
山崎 ディスティラーズリザーブ ·················· 239, 254
山崎 バーボンバレル ·················· 129
山崎 ミズナラ ·················· 87, 129, 243
山崎サワー ·················· 239
山崎蒸溜所 ·········· 31, 56, 62-3, 82-7, 278
山桜蒸溜所 ·················· 278
ユーショー、シカゴ ·················· 186, 187
雪 ·················· 40
輸入、ブレンディング ·················· 14, 17, 57
余市 10年 ·········· 130, 140, 149, 209
余市 12年 ·················· 130, 186
余市 15年 ·········· 131, 144, 152, 184, 186
余市 1991 ·················· 210
余市 20年 ·················· 131
余市 NAS ·················· 205, 241
余市蒸溜所 ·········· 31-2, 62-3, 106-9, 277

ら

ラ・メゾン・デュ・ウイスキー、パリ ·················· 92
ラーメン ·········· 181, 241, 243, 281
ラインアーム ·················· 48
ラフロイグ ·················· 16-7
料理とのペアリング ·················· 235, 240-3
ル・ギャマン、パリ ·················· 210-1
ル・シェリー・バット、パリ ·················· 208-9
【歴史　竹鶴政孝、鳥井信治郎も参照】
アメリカのウイスキーの渡来 ·················· 14, 29
オランダ商人 ·················· 29
外圧 ·················· 33
下降 ·················· 32
軍事的な地位 ·················· 32
最初の蒸溜所 ·················· 14, 31
サントリー ·················· 23-4
初期のウイスキー ·················· 30
ニッカ ·················· 23-4, 27
文化 ·················· 28
ロサンゼルスのバー ·················· 184
ロンドンのバー ·················· 203-6

わ

若鶴酒造蒸溜所 ·················· 279
ワルシャワ ·················· 214

謝 辞 *Acknowledgments*

本の謝辞の冒頭で、その人の助けがなければ本が実現しなかった特別な人について触れるのは平凡すぎるかもしれない。しかしこの本の場合、マーチン・ミラーはまさにそのような人物だった。彼は私を「ウイスキーマガジン」の編集者として雇ってくれて、一生続く財産であるウイスキーの世界への展望を開いてくれた。マーチンはこの本に必要な情報を提供してくれただけではなく、私が最も必要としていた時に励ましとサポートを惜しまなかった。また、時間と知識を惜しまずに協力してくれたステファン・ヴァン・エイケン、クリス・バンティング、ニコラ・コルディコットにも多大な感謝を捧げたい。以下の人たちにも感謝している。ジェマ・アルボーン、サラ・ベリズ＝バトラーをはじめとするTHRSXTY

コミュニケーションのチームのみなさん。デディエ・ゴルバンザデー、ユミ・ヨシカワ、肥土伊知郎、日本政府観光局のみなさん、ドミニク・アルバドリ、それに「Japan.Inc」とレア・アレクサンダー。また、この本に直接の貢献はなくても、日本のウイスキーにかかわるすべての仕事に影響を与えている次の人たちの功績も認めなくてはならない。ライターのジム・マレーとデーヴ・ブルーム、また日本を愛し、そのウイスキーを、日本人を愛してやまなかった今は亡き偉大なマイケル・ジャクソン。最後に、辛抱強くつきあってくれた私の家族に感謝したい。これまで私が書いてきたウイスキーの本のうちもっとも美しいこの本を、妻のサリーと、子どもたちジュールズ、ルイ、マディーに捧げる。

参考文献

The World Atlas of Whisky
Broom, Dave (Mitchell Beazley, 2014)

Drinking Japan
Bunting, Chris (Tuttle Shokai Inc, 2011)

Japanese Whiskies : Facts, Figures and Taste, The Definitive Guide to Japanese Whiskies
Buxrud, Ulf (DataAnalys Scandinavia AB, 2008)

Whiskey : The Definitive World Guide
Jackson, Michael (DK, 2005)
（マイケル・ジャクソン『ウィスキー・エンサイクロペディア』小学館、2007年）

Jim Murray's Whisky Bible 2016
Murray, Jim (Dram Good Books Ltd, 2015)

Malt Whisky Yearbook 2016
Ronde, Ingvar (MagDig Media Ltd, 2015)

1001 Whiskies You Must Taste Before You Die
Roskrow, Dominic (ed) (Universe, 2012)

The World's Best Whiskies : 740 Unmissable Drams from Tennessee to Tokyo
Roskrow, Dominic (Jacqui Small LLP, 2010)
（ドミニク・ロスクロウ『世界のベストウイスキー』グラフィック社、2011年）

Whisky Opus
Roskrow, Dominic, and Smith, Gavin D. (eds) (DK, 2012)

ウェブサイト

Dekantā, Tokyo : www.dekanta.com
Nonjatta : www.nonjatta.com
Whisky Mizuwari : www.whiskymizuwari.blogspot.co.uk
Whisky Magazine : www.whiskymag.com
Whisky Live : www.whiskylive.com
Whisky Advocate : www.whiskyadvocate.com
whisky-pages : www.whisky-pages.com

Malt Madness : www.maltmadness.com
Whiskyfun : www.whiskyfun.com
Malt Maniacs : www.maltmaniacs.net
The Number One Drinks Company : www.one-drinks.com
The Whisky Exchange Whisky Blog : blog.thewhiskyexchange.com
Japan Whisky Reviews : japanwhisky.blogspot.co.uk

写真クレジット

この本に作品を掲載することを許可してくださった蒸溜所、バー、ピクチャーライブラリー、フォトグラファーたちに出版社より感謝します。著作権の保持者に連絡するため最大限の努力をしましたが、万一漏れや見過ごしがあった場合は、著作権処理のためただちに出版社宛てに連絡をくださるよう、お願いいたします。

9 Bloomberg / Getty Images 10 Bloomberg / Getty Images 13 Bloomberg / Getty Images 15 Courtesy of Tonkotsu 16 Cephas Picture Library / Alamy Stock Photo 18 t Bloomberg / Getty Images 18 bl JUAN CEVALLOS / AFP / Getty Images 18 br Jeremy Sutton-Hibbert / Alamy Stock Photo 19 l Hemis / Alamy Stock Photo 19 r Drambox Media Library 21 Courtesy of Suntory Holdings Limited 24 Courtesy of Suntory Holdings Limited 26 Courtesy of Suntory Holdings Limited 27 l Courtesy of Suntory Holdings Limited 27 r El Español 28 l JTB MEDIA CREATION, Inc. / Alamy Stock Photo 28 r Matthias Merges 29 t North Wind Picture Archives / Alamy Stock Photo 29 b Universal Images Group / Getty Images 30 t Miss Whisky 30 b Courtesy of Suntory Holdings Limited 31 Courtesy of Suntory Holdings Limited 32 David Lefranc / Corbis 33 Bettmann / Getty Images 36 t The Asahi Shimbun / Getty Images 36 b JTB Photo / Universal Images Group / Getty Images 37 KAZUHIRO NOGI / AFP / Getty Images 38 Drambox Media Library 39 Drambox Media Library 40 l JTB Photo / Universal Images Group / Getty Images 40 r JTB Photo / Universal Images Group / Getty Images 41 JTB Photo / Universal Images Group / Getty Images 42 JTB Photo / Universal Images Group / Getty Images 44 t Alexey Kopytko / Getty Images 44 b WorldPix / Alamy Stock Photo 45 l Philip Dickson / Alamy Stock Photo 45 r AAron Ontiveroz / Getty Images 46 l Drambox Media Library 46 r Hemis / Alamy Stock Photo 47 Drambox Media Library 48 Bloomberg / Getty Images 50 tl Drambox Media Library 50 tr Drambox Media Librar 50 b Drambox Media Library 51 JTB Photo / Universal Images Group / Getty Images 52 t Drambox Media Library 52 b Drambox Media Library 53 James Bullock 54 Drambox Media Library 56 Drambox Media Library 57 t Jeremy Sutton-Hibbert / Alamy Stock Photo 57 b Courtesy of Suntory Holdings Limited 59 Courtesy of Suntory Holdings Limited 63 Shutterstock 64 Clint Anesbury, Akkeshi Distillery Project Team 65 Clint Anesbury, Akkeshi Distillery Project Team 66 The Whisky Exchange 67 Drambox Media Library 68 Bloomberg / Getty Images 69 Bloomberg / Getty Images 71 Drambox Media Library 72 Courtesy of Kirin Company Limited 73 Courtesy of Kirin Company Limited 75 Courtesy of Kirin Company Limited 76 KAZUHIRO NOGI / AFP / Getty Images 78 l Courtesy of Suntory Holdings Limited 78 cl Courtesy of Suntory Holdings Limited 78 cr Courtesy of Suntory Holdings Limited 78 r The Whisky Exchange 79 Associated Press 80 James Bullock 81 James Bullock 82 t Courtesy of Suntory Holdings Limited 82 b Drambox Media Library 83 KAZUHIRO NOGI / AFP / Getty Images 84 Bloomberg / Getty Images 85 t PAUL J. RICHARDS / AFP / Getty Images 85 c Courtesy of Suntory Holdings Limited 85 b James Bullock 86 James Bullock 87 Bloomberg / Getty Images 89 Courtesy of Suntory Holdings Limited 90 WhiskyTimes 91 Number One Drinks Company 92 The Whisky Exchange 93 Tomohiro Ohsumi / Getty Images 94 James Bullock 96 The Whisky Exchange 97 t Courtesy of Asahi Breweries Limited 97 b Courtesy of Asahi Breweries Limited 98 t dash101 98 b Spirit and Beer 99 t Courtesy of Asahi Breweries Limited 99 b The Whisky Exchange 100 JTB Photo / Universal Images Group / Getty Images 102 Courtesy of the White Oak Distillery 103 Chris Bunting 104 Chris Bunting 105 Chris Bunting 106 JTB Photo / Universal Images Group / Getty Images 107 l James Bullock 107 r Bloomberg / Getty Images 109 t Bloomberg / Getty Images 109 b Courtesy of Asahi Breweries Limited 111 Courtesy of Asahi Breweries Limited 114 t Number One Drinks Company 114 b The Whisky Exchange 115 t The Whisky Exchange 115 b The Whisky Exchange 116 t Courtesy of Suntory Holdings Limited 116 b Courtesy of Suntory Holdings Limited 117 t Courtesy of Suntory Holdings Limited 117 b Courtesy of Suntory Holdings Limited 118 t The Whisky Exchange 118 b Number One Drinks Company 119 t The Whisky Exchange 119 b The Whisky Exchange 120 t The Whisky Exchange 120 b Number One Drinks Company 120 b The Whisky Exchange 121 t The Whisky Exchange 121 b The Whisky Exchange 122 t Number One Drinks Company 122 b Number One Drinks Company 123 t The Whisky Exchange 123 b Number One Drinks Company 124 t The Whisky Exchange 124 b The Whisky Exchange 125 t The Whisky Exchange 125 b The Whisky Exchange 126 t The Whisky Exchange 126 b Courtesy of Suntory Holdings Limited 127 t Courtesy of Suntory Holdings Limited 127 b Courtesy of Suntory Holdings Limited 128 t The Whisky Exchange 128 b Courtesy of Suntory Holdings Limited 129 t The Whisky Exchange 129 b Courtesy of Suntory Holdings Limited 130 t The Whisky Exchange 130 b Courtesy of Asahi Breweries Limited 131 t The Whisky Exchange 131 b The Whisky Exchange 132 t The Whisky Exchange 132 b The Whisky Exchange 133 t The Whisky Exchange 133 b The Whisky Exchange 134 t The Whisky Exchange 134 b The Whisky Exchange 135 t The Whisky Exchange 135 b The Whisky Exchange 136 t The Whisky Exchange 136 b The Whisky Exchange 137 t The Whisky Exchange 137 b The Whisky Exchange 141 Marcin Miller 142 Metric Design Studio, Oslo, Norway 143 t Jeremy Sutton-Hibbert / Getty Images 143 b Jeremy Sutton-Hibbert / Getty Images 145 t Chris Bunting 145 b Chris Bunting 146 Jeremy Sutton-Hibbert / Alamy Stock Photo 147 Bar Zoetrope 149 Stefan Van Eycken 150 The Whisky Exchange 151 Nonjatta 152 Nicholas Coldicott 153 t Courtesy of Rockfish Bar 153 b Keith Tsuji / Getty Images 154 Courtesy of Suntory Holdings Limited 155 l The Whisky Exchange 155 cl The Whisky Exchange 155 cr The Whisky Exchange 155 r The Whisky Exchange 158 JaCZhou 2015 / Getty Images 160 t Jeremy Sutton-Hibbert / Alamy Stock Photo 160 b Jeremy Sutton-Hibbert / Alamy Stock Photo 161 l Park Hotel Tokyo, Shiodome 161 r Park Hotel Tokyo, Shiodome 162 t Sandro Bisaro / Getty Images 162 b Shutterstock 163 t Gurunavi, Inc. 163 c Japan National Tourism Organization 163 b Bar Lupin Ginza 164 Luca Rossini / Getty Images 165 Shutterstock 167 The Dubliners' Irish Pub, Shibuya 168 Alexander Spatari / Getty Images 169 Alexander Spatari / Getty Images 170 kokoroimages.com / Getty Images 172 Jeremy Sutton-Hibbert / Alamy Stock Photo 173 l Courtesy of Spincoaster Music Bar 173 r Shutterstock 174 t huzu1959 / Getty Images 174 b Chris Bunting 175 l THE MASH TUN TOKYO 175 r THE MASH TUN TOKYO 176 Shutterstock 178 t Bar K 178 b German F. Vidal-Oriola / Getty Images 179 Gerhard Joren / Getty Images 180 t Shutterstock 180 b Bar Kitchen Tenjin 181 Nikka Bar 181 b THE BOW BAR Sapporo 185 t Allen J. Schaben/Los Angeles Times/ Getty Images 185 b Bar Jackalope 187 tl Matthias Merges 187 tc Matthias Merges 187 tr Matthias Merges 187 cr Matthias Merges 187 br Matthias Merges 187 bl Matthias Merges 188–9 Matthias Merges 190 t Nicole Franzen 190 b Nicole Franzen 193 t The Flatiron Room 193 b The Flatiron Room 195 tl Copper and Oak 195 tr Copper and Oak 195 cr Copper and Oak 195 br Copper and Oak 195 bc Copper and Oak 195 bl Copper and Oak 195 cl Copper and Oak 197 t Sakamai 197 b Sakamai 198 t Dr Jekyll's 198 b Dr Jekyll's 201 Highlander Inn 202 t Paul Winch-Furness 202 cr Paul Winch-Furness 202 cl Sim Canetty-Clarke 202 br Sim Canetty-Clarke 202 bl Mark Brumell 204 t Shochu 204 bl Shochu 204 br Shochu 207 t Tonkotsu 207 bl Tonkotsu 207 cl Tonkotsu 208 t Le Sherry Butt 208 b Le Sherry Butt 211 t Le Gamin 211 b Le Gamin 212 t Sushi & Soul 212 br Sushi & Soul 212 bl Sushi & Soul 215 Dom Whisky 217 t James Bullock 217 b James Bullock 219 t Edmond Ho 219 br Edmond Ho 219 bl John Heng 219 cl Edmond Ho 220–1 John Heng 223 t Club Qing 223 br Club Qing 223 bl Club Qing 225 tl Sokyo Lounge 225 tr Sokyo Lounge 225 b Sokyo Lounge 225 cl Sokyo Lounge 227 t Uncle Mings 227 cl Uncle Mings 227 cr Uncle Mings 227 br Uncle Mings 227 bl Uncle Mings 228 George Hong 231 t Tokyo Bird 231 br Tokyo Bird 231 bl Tokyo Bird 232–3 Tokyo Bird 236 Courtesy of Suntory Holdings Limited 238 t Courtesy of Suntory Holdings Limited 238 b Courtesy of Suntory Holdings Limited 239 t Courtesy of Suntory Holdings Limited 239 b Courtesy of Suntory Holdings Limited 240 t ZenShui / Laurence Mouton 240 b Michael Ventura / Alamy Stock Photo 241 t Matthias Merges 241 b Matthias Merges 242 Matthias Merges 243 t haoliang / Getty Images 243 b Matthias Merges 244–5 Matthias Merges 248 t Buddhika Weerasinghe / Getty Images 248 b The Asahi Shimbun / Getty Images 249 Jeff J Mitchell / Getty Images 250 Matthias Merges 251 Matthias Merges 252–3 Matthias Merges 254 The Whisky Exchange 255 Courtesy of Suntory Holdings Limited 256 Courtesy of Suntory Holdings Limited 257 t Yannick Luthy / Alamy Stock Photo 257 b TORU YAMANAKA / AFP / Getty Images 258 Courtesy of Suntory Holdings Limited 259 KAZUHIRO NOGI / AFP / Getty Images 260–1 Bloomberg / Getty Images 262 Nuno Santos 264 Nuno Santos 265 Christian Kober / Getty Images 266 t Japan National Tourism Organization 266 b Japan National Tourism Organization 267 Japan National Tourism Organization 268 Yannick Luthy / Alamy Stock Photo 269 epa european press photo agency b.v. / Alamy Stock Photo 270 Japan National Tourism Organization 271 t Getty Images 271 b JTB Photo / Universal Images Group / Getty Images 272 Iain Masterton / Alamy Stock Photo 274 Japan National Tourism Organization 275 Shutterstock

(記号：上＝ t／下＝ b／左＝ l／右＝ r／中央＝ c／左上＝ tl／右上＝ tr／中央左＝ cl／中央右＝ cr／左下＝ bl／右下＝ br)

著者について

ドミニク・ロスクロウは「ウイスキーマガジン」「ザ・スピリッツ・ビジネス」「ウイスケリア」の元編集者。著作に『世界のベストウイスキー』（グラフィック社）、『死ぬ前に一度は飲みたい1001のウイスキー（1001 Whiskies To Try Before You Die)』『ザ・ウイスキー・オパス(The Whisky Opus)』(2013年フォートナム＆メイソンドリンクス・ライター・オブ・ザ・イヤー候補作)があるほか、ウイスキー年鑑『The Whisky Yearbook』のすべての版をはじめとする多数の共著がある。世界のウイスキーと、伝統的な産地以外のウイスキーを専門に国際的に活躍しており、「ドリンクス・インターナショナル」「ハーバーズ・ワイン&スピリッツ・ト

レード・ニュース」「ウイスキー・アドヴォケート」の各誌のほか、「タイムズ」紙、「サンデー・タイムズ」紙、「デイリー・テレグラフ」紙、「ウォール・ストリート・ジャーナル」紙にも寄稿している。最近ではイスラエルや台湾も含む世界の100以上の蒸溜所を訪れている。スコッチウイスキーとバーボンへの貢献が認められ、それぞれについて「ザ・キーパーズ・オブ・ザ・クエイヒ」と「ケンタッキー大佐」の称号が与えられた。2015年「フォートナム＆メイソンドリンクス・ライター・オブ・ザ・イヤー」を受賞。

【訳者プロフィール】

清水玲奈(しみず・れいな)

ジャーナリスト。東京大学大学院総合文化研究科修了(表象文化論)。
ロンドンとパリを拠点に、執筆、翻訳、映像制作を行う。
著書に『世界の夢の本屋さん2』『世界の夢の本屋さん3』『世界で最も
美しい書店』『世界の美しい本屋さん』(いずれもエクスナレッジ)など
がある。
日本のウイスキー創成期を描くNHKのドラマ「マッサン」では、台本制
作・撮影のためのリサーチを担当した。

世界が認めた日本のウイスキー

2017年11月1日　初版第1刷発行

著　　者	ドミニク・ロスクロウ
訳　　者	清水玲奈
発 行 者	澤井聖一
発 行 所	株式会社エクスナレッジ
	〒106-0032 東京都港区六本木7-2-26
	http://www.xknowledge.co.jp/

編　　集	Tel：03-3403-1381／Fax：03-3403-1345
	mail：info@xknowledge.co.jp
販　　売	Tel：03-3403-1321／Fax：03-3403-1829

無断転載の禁止
本書掲載記事(本文、写真、図版など)を当社および著作権者の承
諾なしに無断で転載(翻訳、複写、データベースへの入力、インター
ネットでの掲載等)することを禁じます。
※落丁、乱丁本は販売部にてお取替えします。